看图是个技术活——工程施工图识读系列

如何识读土建施工图

吴　迈　主编

机械工业出版社

本书主要介绍了土建施工图（含建筑施工图、结构施工图、基坑工程施工图）的内容，并结合多项典型工程实例，详细介绍了土建施工图的识读方法与步骤。书中详细介绍了混凝土结构施工图平面整体表示方法制图规则和识读方法，结合实际工程讲解了如何通过查阅各类构造详图、标准图集来确定工程具体做法和结构构件的细部构造。本书的一大特色是根据工程发展的需要，增加了基坑工程施工图的相关内容，介绍了基坑支护的常用方法和基坑工程施工图的识读步骤与方法。

本书可供土建工程技术人员、工程监理单位和业主单位的工程管理人员以及高等院校相关专业的师生学习和参考。

图书在版编目（CIP）数据

如何识读土建施工图/吴迈主编 . —北京：机械工业出版社，
2020.6（2024.7重印）

（看图是个技术活. 工程施工图识读系列）

ISBN 978-7-111-65420-9

Ⅰ.①如… Ⅱ.①吴… Ⅲ.①土木工程–建筑制图–识图
Ⅳ.①TU204.21

中国版本图书馆 CIP 数据核字（2020）第 065700 号

机械工业出版社（北京市百万庄大街 22 号　邮政编码 100037）
策划编辑：薛俊高　责任编辑：薛俊高
责任校对：刘时光　封面设计：张　静
责任印制：郜　敏
中煤（北京）印务有限公司印刷
2024 年 7 月第 1 版第 3 次印刷
210mm×297mm·9 印张·260 千字
标准书号：ISBN 978-7-111-65420-9
定价：39.00 元

电话服务　　　　　　　　　网络服务
客服电话：010-88361066　　机　工　官　网：www.cmpbook.com
　　　　　010-88379833　　机　工　官　博：weibo.com/cmp1952
　　　　　010-68326294　　金　书　网：www.golden-book.com
封底无防伪标均为盗版　机工教育服务网：www.cmpedu.com

前言
Perface

　　了解房屋建筑的基本构造并能看懂建筑工程施工图，是对土建工程技术人员的基本要求。为了使从事建筑施工的广大工程技术人员、管理人员和即将走上工作岗位的高等院校的大学生，尽快适应本专业、熟悉建筑施工和项目管理工作，我们编写了本书。

　　本书参考建造师考试的基本要求，根据混凝土结构施工图平面整体表示方法制图规则和构造详图，并结合多项典型工程实例，介绍了房屋建筑和结构识图的基本知识，讲解了建筑施工图、结构施工图、基坑工程施工图的内容和识读方法。希望通过理论联系实际，由浅入深地帮助读者快速、准确理解施工图。本书编写坚持贴近实际、图文结合、通俗易懂的原则，力求简明实用。

　　本书主要读者对象是建筑施工企业的技术人员、管理人员，工程监理企业的监理人员，业主单位的工程管理人员以及高等院校相关专业的教师和学生。

　　本书由吴迈主编，第一章由马海旭、王学敏编写，第二章由王伟男、王学敏编写，第三章由吴迈编写，第四章由吴迈、马海旭编写。

　　在此向本书编写过程中给予热情帮助的设计、施工单位友人表示衷心的感谢。

　　鉴于作者水平有限，如有疏漏和不足之处，请读者批评指正。

编　者

2020 年 3 月于河北工业大学

目录
Contents

前言

第一章　土建施工图基础知识 ································· 1

第一节　建筑的构造组成 ································· 1

一、建筑构造概述 ································· 1

二、地基与基础 ································· 1

三、墙、柱、梁、板 ································· 5

四、屋面 ································· 6

五、楼梯 ································· 6

第二节　建筑结构施工基础知识 ································· 7

一、常用专业名词 ································· 7

二、常用建筑材料基础知识 ································· 10

三、常见建筑结构体系简介 ································· 13

第三节　施工图设计文件的组成 ································· 14

一、施工图的组成 ································· 15

二、施工图的特点 ································· 15

三、施工图中常用的表示方法 ································· 16

第二章　如何识读建筑施工图 ································· 22

第一节　建筑施工图概述 ································· 22

一、建筑施工图的组成 ································· 22

二、建筑施工图常用图例 ································· 22

三、建筑施工图识图步骤 ································· 25

第二节　建筑设计总说明 ································· 27

一、建筑设计总说明的内容 ································· 27

二、建筑设计总说明实例 ································· 27

第三节　建筑总平面图 ································· 30

一、建筑总平面图的内容 ································· 30

二、建筑总平面图实例 ································· 31

第四节　建筑平面图 ································· 34

一、建筑平面图的内容 ································· 34

二、建筑平面图实例 ································· 35

第五节　建筑立面图与剖面图 ································· 40

一、建筑立面图的内容 ……………………………………………… 40

二、建筑立面图实例 ………………………………………………… 41

三、建筑剖面图的内容 ……………………………………………… 43

四、建筑剖面图实例 ………………………………………………… 43

第六节 建筑详图 ……………………………………………………… 45

一、建筑详图的内容 ………………………………………………… 45

二、建筑详图实例 …………………………………………………… 45

第三章　如何识读结构施工图 ……………………………………… 49

第一节 结构施工图概述 ……………………………………………… 49

一、结构施工图与建筑施工图的关系 ……………………………… 49

二、结构施工图常用代号、图例与符号 …………………………… 50

三、结构施工图的组成 ……………………………………………… 52

四、结构施工图识图步骤 …………………………………………… 53

第二节 钢筋混凝土结构施工基本构造要求 ………………………… 55

一、混凝土结构的环境类别和混凝土保护层最小厚度 …………… 55

二、纵向钢筋排布要求 ……………………………………………… 56

三、受拉钢筋基本锚固长度 l_{ab}、l_{abE} …………………………… 57

四、受拉钢筋锚固长度 l_a、l_{aE} ………………………………… 58

五、纵向受拉钢筋搭接长度 l_l、l_{lE} …………………………… 59

第三节 结构设计总说明 ……………………………………………… 60

第四节 基础施工图 …………………………………………………… 62

一、基础施工图内容 ………………………………………………… 62

二、基础施工图识读步骤和注意问题 ……………………………… 63

三、基础钢筋排布构造基本要求 …………………………………… 65

四、基础施工图实例 ………………………………………………… 67

第五节 柱平法施工图 ………………………………………………… 77

一、柱施工平面图内容 ……………………………………………… 77

二、柱施工平面图识读步骤 ………………………………………… 77

三、柱钢筋排布构造基本要求 ……………………………………… 77

四、截面注写方式及工程实例 ……………………………………… 78

五、列表注写方式及工程实例 ……………………………………… 82

第六节 梁平法施工图 ………………………………………………… 85

一、梁平法施工图概述 ……………………………………………… 85

二、平面注写方式的一般规定 ……………………………………… 86

三、梁平法施工图的识读步骤 ……………………………………… 89

四、梁钢筋排布构造基本要求 ……………………………………… 90

五、梁平法施工图平面注写方式实例讲解 ………………………… 90

六、梁平法施工图截面注写方式实例讲解 ………………………… 93

七、梁柱节点钢筋排布构造详图及应用 …………………………… 93

第七节 剪力墙结构平法施工图 ……………………………………… 96

一、剪力墙平法施工图概述 ………………………………………………………… 96

二、剪力墙平法施工图识读步骤 …………………………………………………… 97

三、剪力墙平法施工图工程实例 …………………………………………………… 97

第八节 楼板平法施工图 ……………………………………………………………… 103

一、楼板的类型 ……………………………………………………………………… 103

二、楼板施工图主要内容 …………………………………………………………… 104

三、楼板施工图识读步骤 …………………………………………………………… 104

四、楼板施工图工程实例 …………………………………………………………… 104

第九节 楼梯结构施工图 ……………………………………………………………… 106

一、楼梯的结构类型 ………………………………………………………………… 106

二、楼梯施工图的注写方式 ………………………………………………………… 107

三、楼梯施工图工程实例 …………………………………………………………… 108

第四章 如何识读基坑工程施工图 ………………………………………………… 112

第一节 基坑工程概述 ………………………………………………………………… 112

一、基坑工程内容 …………………………………………………………………… 112

二、常用的基坑支护形式 …………………………………………………………… 112

第二节 基坑工程施工图内容 ………………………………………………………… 116

一、基坑支护设计的内容 …………………………………………………………… 116

二、基坑支护设计说明的内容 ……………………………………………………… 116

三、基坑工程施工图内容 …………………………………………………………… 117

第三节 基坑工程施工图实例解读 …………………………………………………… 117

一、型钢水泥土搅拌墙加内支撑支护工程实例 …………………………………… 117

二、排桩加预应力锚索支护工程实例 ……………………………………………… 129

参考文献 …………………………………………………………………………………… 137

第一章　土建施工图基础知识

第一节　建筑的构造组成

一、建筑构造概述

建筑物是供人们进行生活、生产或其他活动的房屋或场所，如住宅、厂房、商场等；构筑物是为某种工程目的而建造的、人们一般不直接在其内部进行生活和生产活动的建筑，如桥梁、烟囱、水塔等。建筑是建筑物与构筑物的总称，是人们为满足一定需要而创造的人工环境。

建筑的物质实体一般由承重结构、围护结构、饰面装修及附属部件组合构成。

承重结构可分为基础、竖向承重体系、楼板、屋面板等。其中竖向承重体系包括砌体结构中的承重墙体、框架结构中的梁柱体系或剪力墙结构中的墙柱梁体系等。

围护结构可分为外围护墙、内墙等。外围护墙是指房屋四周与室外空间接触的墙，内墙是位于房屋外墙包围内的墙体。

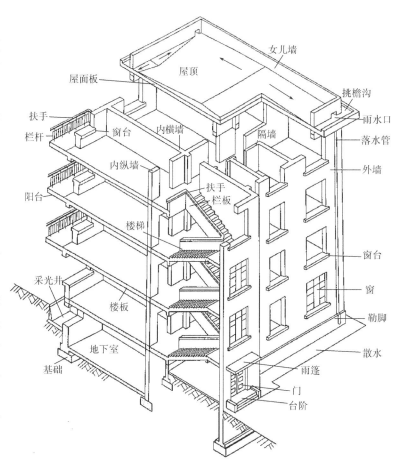

图 1-1　砌体结构的建筑构造组成

饰面装修一般按其部位分为内外墙面、楼地面、顶棚、屋面等。

附属部件一般包括门窗、楼梯、电梯、自动扶梯、阳台、雨篷、栏杆、台阶、坡道、落水管、勒脚和散水等。

砌体结构和钢筋混凝土框架结构是常用的建筑结构体系。砌体结构的建筑构造组成如图 1-1 所示；钢筋混凝土框架结构的建筑构造组成如图 1-2 所示。

二、地基与基础

1. 地基

承受由基础传来的荷载而产生应力和应变的土层称为地基。地基分为天然地基和人工地基。天然地基是指具有足够的承载力，不需经人工改良或加固，可直接在上面建造房屋的土层。当天然土层的承载力较差，必须进行人工加固后才能在上面建造房屋时，这种土层称为人工加固地基，常用的人工加固地基方法有换填垫层法、压实与夯实法、复合地基法、预压地基法、注浆法等。

2. 基础

基础是建筑物最下面的部分，埋在地面以下，承受建筑物的全部荷载（包括基础自重），并将其传递给地基，因此要求基础坚固、稳定，且能抵抗冰冻、地下水与化学侵蚀等。基础的大小、形式取决于荷载的大小、土层承载能力等因素。建筑工程中常用的基础形式有独立基础、条形基础、筏板基础、箱形基础、桩基础等。

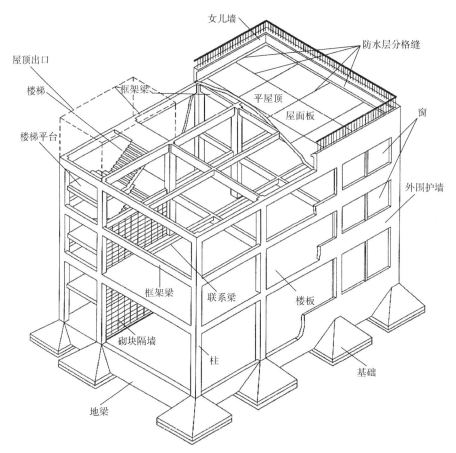

图1-2 钢筋混凝土框架结构的建筑构造组成

（1）独立基础

独立基础亦称单独基础，底面形状通常为矩形，基础截面形状可做成平板形、阶形（图1-3a）或坡

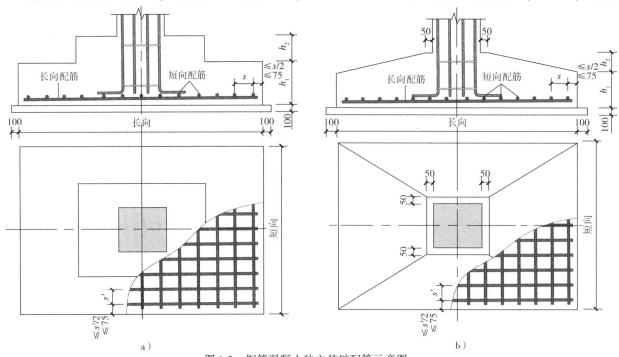

图1-3 钢筋混凝土独立基础配筋示意图

a）阶形基础 b）坡形基础

形（图 1-3b）；对于预制钢筋混凝土柱，可做成杯口独立基础。为增强建筑物基础的整体性，防止不均匀沉降的发生，独立基础之间通常还要设置钢筋混凝土联系梁。图 1-4 所示为某工程采用平板形独立基础，相邻独立基础之间设置联系梁。

（2）条形基础

条形基础是指长度远大于宽度和高度而呈长条形的基础，图 1-5a 所示为墙下条形基础。与独立基础相似，条形基础可做成无筋扩展基础（如砖、石砌筑基础）或钢筋混凝土扩展基础。图 1-5b 所示为柱下条形基础，由钢筋混凝土构成。有时为满足荷载扩散要求，常采用如图 1-5c 所示的十字交叉基础，以增大基础的底面积，使基础具有更高的承载力和更强的整体性。

图 1-4　带钢筋混凝土联系梁的独立基础

根据是否设置基础梁，条形基础可分为两类：梁板式条形基础和板式条形基础，其中梁板式条形基础（图 1-6）由基础梁和条形基础底板两部分组成，适用于钢筋混凝土框架结构、框架-剪力墙结构。板式条形基础（图 1-7）适用于钢筋混凝土剪力墙结构和砌体结构。

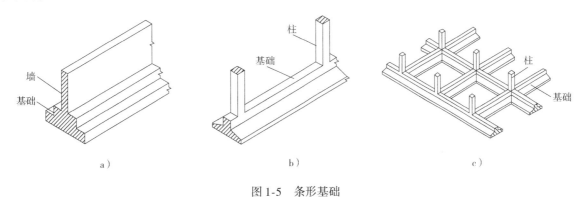

图 1-5　条形基础

a）墙下条形基础　b）柱下条形基础　c）十字交叉基础

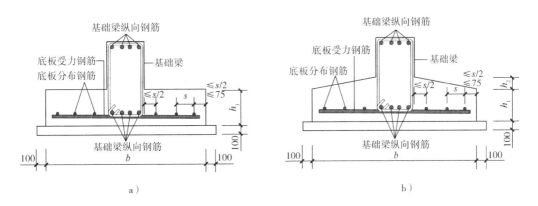

图 1-6　梁板式条形基础钢筋排布示意图

a）阶形截面　b）坡形截面

（3）筏形基础

筏形基础简称筏基，又叫筏板基础、满堂基础。当上部结构传来的荷载较大，地基土层相对较差，采用独立基础或条形基础不能满足承载力及变形要求时，可采用筏形基础。其中，平板式筏形基础不设

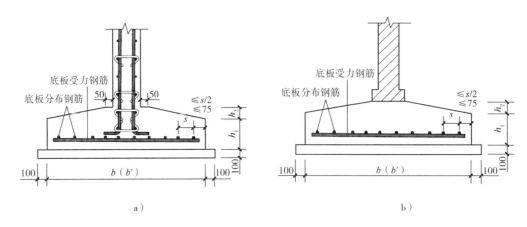

图 1-7 板式条形基础钢筋排布示意

a) 剪力墙下条形基础截面 b) 砌体墙下条形基础截面

基础梁，施工比较简便。当墙或柱荷载较大时，如果采用平板式筏形基础厚度会太大，可以通过在筏形基础中增设基础梁，形成梁板式筏形基础，如图 1-8 所示。筏板基础作为地下室的底板，可以采用抗渗混凝土，能较好地防止地下水的渗入。

（4）箱形基础

图 1-9 所示为箱形基础，它由底板、顶板、纵墙和横墙等部分组成，可根据使用功能、基础埋深等要求做成单层或多层形式。箱形基础本身即可作为地下室使用，但由于纵、横墙将整个地下室分成了多个小空间，使其使用功能和应用受到较大限制。

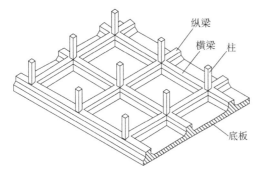

图 1-8 梁板式筏形基础

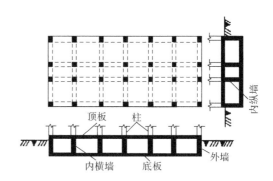

图 1-9 箱形基础示意图

（5）桩基础

当基础下的浅部土层承载力较低，或建筑结构对沉降要求较严格，采用浅基础无法满足设计和规范要求时，需要设置桩基础。桩基础由单桩和承台组成，其中承台是"承上启下"的结构构件，向上与基础柱、墙连接，向下与单桩连接，其作用是将上部结构荷载传递给桩，并进一步扩散到深层的桩周土和桩端土中。施工中，墙、柱的钢筋和桩身钢筋都要在承台内锚固（图 1-10），以保证墙（或柱）、承台和桩三种构件的可靠连接。因此，桩身钢筋下料时，要考虑锚入承台钢筋的长度，并在承台施工前将锚筋剔出（图 1-11）。桩承台可以是独立承台，也可以是承台梁或筏板基础。如高层结构常用的桩-筏基础，就是筏板基础与桩基础共同工作，承担和传递上部荷载，来控制和调整建筑物的沉降。

桩的种类很多，按材料可以分为钢桩、钢筋混凝土桩和预应力混凝土桩；按荷载传递特点可以分为端承桩和摩擦桩。工程上常用的钢筋混凝土桩，根据其施工方法可以分为预制桩和灌注桩。预制桩又可分为钢筋混凝土预制桩和预应力混凝土桩；钢筋混凝土灌注桩按成孔方法不同又可分为钻孔灌注桩、人工挖孔灌注桩、泥浆护壁成孔灌注桩等。

图 1-10　柱钢筋、桩钢筋在承台内的锚固　　　　　图 1-11　桩顶清理与锚筋预留

三、墙、柱、梁、板

墙和柱作为承重构件，把建筑上部的荷载传递给基础。在墙承重的建筑中，墙体既是承重构件，又是围护构件。但在框架承重的建筑中，柱和梁形成框架承重结构系统，墙就仅是分隔空间的围护构件了。

1. 墙

墙体是建筑物的重要组成部分，是组成建筑空间的竖向构件，起着承重、围护和分隔等作用。根据墙体在建筑中所处的位置或者受力情况的不同，墙体可分为不同种类（图 1-12）。

（1）按墙体所处的位置分类

墙体按所处位置可以分为外墙和内墙。外墙位于建筑的四周，又称为外围护墙。内墙位于建筑内部，主要起分隔内部空间的作用，也称为内分隔墙。外围护墙在建筑中起到室内外空间的分隔作用，满足建筑保温、隔热、隔声、防水防潮等功能要求。内分隔墙主要是满足室内空间的分隔要求，同时也用来满足室内空间不同的采光、通风、隔声等使用功能需求。

（2）按受力情况分类

墙按结构受力情况分为承重墙和非承重墙两种，非承重墙又分为填充墙和幕墙。

承重墙一般在砌体承重结构及剪力墙结构中存在，直接承受楼板及屋顶传下来的荷载。而在框架结构中是不设置承重墙的，结构的荷载由梁、柱所组成的框架体系承担，墙体多为非承重墙。非承重墙主要有填充墙和幕墙两种方式。填充墙是位于框架梁柱之间的墙体，犹如"填塞"进框架梁柱之间，墙体自身的重量传递给下方的梁柱。为了减轻自重，框架填充墙通常采用轻质材料。当墙体附着于建筑物外侧起围护作用时，称为幕墙。位于高层建筑外周的幕墙，

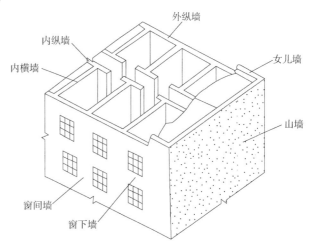

图 1-12　墙体各部分名称

不承受竖直方向的外部荷载，而是受高空气流影响需承受以风力为主的水平荷载，并通过预埋或后植入的连接部件将荷载传递给主体结构。

2. 柱、梁、板

板和梁是房屋的水平承重构件，柱是房屋的竖向承重构件。

板是直接承担其上面荷载的平面构件，支承在梁上、墙上或直接支承在柱上，把所承受的荷载传递

给这些构件。

梁是跨过空间的横向构件，在房屋中承担其上的板传来的荷载，再传递给与之相连的柱或墙。梁又可分为主梁、次梁，主梁是将楼盖荷载传递到柱、墙上的梁；次梁是将楼面荷载传递到主梁上的梁。

柱是独立支撑结构的竖向构件，承担和传递与之相连的板和梁传来的荷载。在多高层建筑中，上层柱的荷载逐步向下传递和累积，越向下柱子承担和传递的荷载越大，因此基础柱的截面面积、混凝土强度等级和配筋值一般是最大的。

楼盖是楼板、次梁和主梁等所组成的各部件的总称。按照梁、板、柱的构造特点，可以将楼盖划分有梁楼盖和无梁楼盖两大类，如图 1-13 所示。当楼板设置梁时，称为有梁楼盖；当楼板不设梁，而将楼板直接支承在柱上时，称为无梁楼盖。

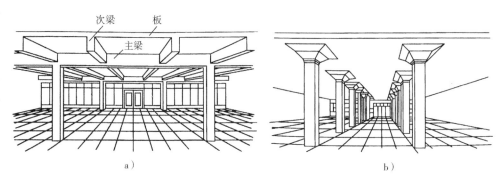

图 1-13　有梁楼盖与无梁楼盖
a）有梁楼盖　b）无梁楼盖

四、屋面

屋面是房屋最上层起覆盖作用的外围护构件。屋面由面层、保温（隔热）层、承重结构和顶棚等部分组成。屋面有多种类型，一般可分为平屋面、坡屋面和曲面屋面三大类。屋面工程根据建筑物的性质、重要程度、使用功能要求以及防水耐用年限等，将屋面防水分为Ⅰ、Ⅱ两个等级。

屋面要满足坚固耐久、防水、排水、保温（隔热）、耐侵蚀等要求。不同材料的屋面应满足排水坡度的要求。排水坡度的形成方式有材料找坡、结构找坡。屋面的排水方式分为无组织排水和有组织排水两类。屋面防水方式有卷材防水、涂膜防水、刚性防水和瓦防水等。表 1-1 所列为华北地区两个典型工程屋面的构造做法，其中某住宅工程屋面防水等级为Ⅱ级，某高层写字楼工程屋面防水等级为Ⅰ级。两个工程中，屋面构造从下向上依次为结构层、保温层、找坡层、找平层、防水层、隔离层和保护层。

表 1-1　屋面工程做法（从上向下）示例

工程名称	某住宅工程不上人屋面	某高层写字楼工程上人屋面	说明
工程做法	20mm 厚 1:2.5 水泥砂浆	150mm 厚 C20 细石混凝土	保护层
	0.4mm 厚聚乙烯膜一层	点粘石油沥青油毡一层	隔离层
	2 道 1.5mm 厚自粘三元乙丙防水卷材	2 道 3mm 厚高聚物改性沥青防水卷材	防水层
	20mm 厚 1:3 水泥砂浆	20mm 厚 1:3 水泥砂浆	找平层
	最薄处 30mm 厚 1:6 水泥焦渣找坡	现浇泡沫混凝土，最薄处 250mm 厚	找坡层
	120mm 厚挤塑聚苯板		保温层
	现浇钢筋混凝土楼板	现浇钢筋混凝土楼板	结构层

五、楼梯

楼梯是楼房建筑的垂直交通部件，主要由楼梯段、休息平台、栏杆和扶手等组成。楼梯的一个楼梯段称为一跑，最常见的楼梯为两跑楼梯。通过两个楼梯段上到上一层，两个楼梯段转折处的平台称为休息平台。除了两跑楼梯外还常用单跑楼梯和三跑楼梯等。

楼梯根据受力形式可分为梁式楼梯和板式楼梯，如图 1-14 所示。板式楼梯是指楼梯段的自重及其上的荷载直接通过楼梯板传到楼梯段两端的楼层梁、休息平台梁上；而梁式楼梯是指楼梯段的自重及其上的荷载通过梯段两侧的斜梁传到楼梯段两端的楼层梁、休息平台梁上。

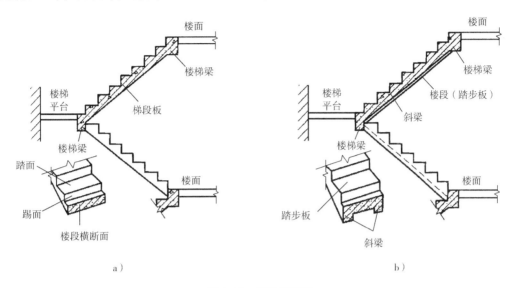

图 1-14　楼梯的组成

a）板式楼梯　b）梁式楼梯

第二节　建筑结构施工基础知识

一、常用专业名词

1. 建筑设计（广义）

设计一个建筑物（群）要做的全部工作，包括场地、建筑、结构、设备、室内环境、室内外装修、园林景观等设计和工程概预算。

2. 施工图设计

在已批准的初步设计文件基础上进行的深化设计，提出各有关专业详细的设计图，以满足设备材料采购、非标准设备制作和施工的需要。

3. 建筑标准设计

按照有关技术标准，对具有通用性的建筑物及其建筑部件、构件、配件、工程设备等进行的定型设计。

4. 建筑设计（狭义）

对建筑物使用功能和空间合理布置、室内外环境协调、建筑造型及细部处理进行的设计，并与结构、设备等工种配合，使建筑物达到适用、安全、经济和美观等要求。

5. 建筑结构设计

为确保建筑物能承担规定的荷载，并保持其刚度、强度、稳定性和耐久性进行的设计。

6. 建筑设备设计

对建筑物中给水排水、暖通空调、电气和动力等设备设计的总称。

7. 人防设计

在建筑设计中对具有预定战时防空功能的地下建筑空间采取防护措施，并兼顾平时使用的专项设计。

8. 建筑节能设计

为降低建筑物围护结构、采暖、通风、空调和照明等的能耗，在保证室内环境质量的前提下，采取节能措施，提高能源利用率的专项设计。

9. 无障碍设计

为保障行动不便者在生活及工作上的方便、安全，对建筑室内外的设施等进行的专项设计。

10. 建筑设计说明

由文字、表格、简图等组成的对建筑设计进行说明的设计文件。

11. 总平面图

表示拟建房屋所在规划用地范围内的总体布置图，并反映与原有环境的关系和邻界的情况等。

12. 竖向布置图

表示拟建房屋所在规划用地范围内场地各部位标高的设计图。

13. 管线综合图

表示建筑设计所涉及的工程管线平面走向和竖向标高的布置图。

14. 平面图

用一水平的剖切面沿门窗洞位置将房屋剖切后，对剖切面以下部分所做的水平投影图。

15. 立面图

在与房屋主要外墙面平行的投影面上所做的房屋正投影图。

16. 剖面图

用垂直于外墙水平方向轴线的铅垂剖切面，将房屋剖切所得的正投影图。

17. 建筑详图

对建筑物的主要部位或房间用较大的比例（一般为 1:20 至 1:50）绘制的详细图样。

18. 节点详图（建筑大样图）

对建筑物的细部或建筑构、配件用较大的比例（一般为 1:20、1:10、1:5）将其形状、大小、材料和做法详细地表示出来的图样。

19. 横向

指建筑物的宽度方向。

20. 横向轴线

平行于建筑物宽度方向设置的轴线，用以确定横向墙体、柱、梁、基础的位置。

21. 纵向

指建筑物的长度方向。

22. 纵向轴线

平行于建筑物长度方向设置的轴线，用以确定纵向墙体、柱、梁、基础的位置。

23. 建筑间距

两栋建筑物或构筑物外墙面之间的最小的垂直距离。

24. 建筑高度

建筑物室外地面到建筑物屋面、檐口或女儿墙的高度。

25. 标高

表示建筑物的地面或某一部位的高度的数值，包括绝对标高和相对标高。

26. 绝对标高

以一个国家或地区统一规定的以某一基准面作为零点的标高。

27．相对标高

以建筑物的首层（即底层）室内地面作为零点的标高。

28．室内外高差

室外地面至首层室内地面（标高 ±0.000）之间的垂直距离。

29．层高

建筑物各楼层之间以楼、地面面层（完成面）计算的垂直距离。

30．开间

建筑物纵向两个相邻的墙或柱中心线之间的距离。

31．进深

建筑物横向两个相邻的墙或柱中心线之间的距离。

32．檐口

屋面与外墙墙身的交接部位，作用是方便排除屋面雨水和保护墙身，又称屋檐。

33．挑檐

建筑屋盖挑出墙面的部分。

34．女儿墙

建筑外墙高出屋面的部分。

35．天沟

屋面上用于排除雨水的流水沟。

36．勒脚

在房屋外墙接近地面部位特别设置的饰面保护构造。

37．散水

沿建筑外墙周边的地面，为避免建筑外墙根部积水而做的一定宽度并向外找坡的保护面层。

38．过梁

设置在门窗或洞口上方的承受上部荷载的构件。

39．屋（顶）盖

建筑物顶部起遮盖作用的围护部件。

40．承重墙

直接承受外加荷载和自重的墙体。

41．非承重墙

一般情况下仅承受自重的墙体。

42．纵墙

沿建筑物长轴方向布置的墙。

43．横墙

沿建筑物短轴方向布置的墙，其中外横墙俗称山墙。

44．基坑

为进行建（构）筑物地下部分的施工由地面向下开挖出的空间。

45．基坑支护

为保护地下主体结构施工和基坑周边环境的安全，对基坑采用的临时性支挡、加固、保护与控制地下水而采取的措施。

二、常用建筑材料基础知识

1. 土的基本性质与分类

土是地壳表层的岩石，经过风化、剥蚀、搬运、沉积后，所形成的各种疏松的沉积物。土是碎散颗粒的集合体，与一般建筑材料（如钢材、木材）是连续的固体具有根本的区别。由于土体颗粒间没有粘结（如砂土等）或粘结的强度比颗粒本身的强度要小得多，因此它们在外荷载作用下容易发生压缩而产生较大的变形，抗剪强度比一般建筑材料低得多；同时颗粒间的连通孔隙，使土具有透水性。在建筑工程中，土不仅构成承载建筑物的地基，也是基坑工程中支护和开挖的施工对象，因此虽然土并不属于建筑材料，但是熟悉和了解土的工程性质，对于保证建筑物质量及施工安全是十分必要的。

作为建筑地基的土，可分为岩石、碎石土、砂土、粉土、黏性土和人工填土等。

（1）岩石

根据岩块的饱和单轴抗压强度，岩石的坚硬程度分为坚硬岩、较硬岩、较软岩、软岩和极软岩等类别；根据岩石的完整性指标，岩体完整程度分为完整、较完整、较破碎、破碎和极破碎等类别。

（2）碎石土

碎石土为粒径大于2mm的颗粒含量超过全重50%的土。碎石土可根据颗粒形状和粒组含量分为漂石、块石、卵石、碎石、圆砾和角砾。碎石土的密实度可根据重型圆锥动力触探锤击数（$N_{63.5}$）划分为松散、稍密、中密、密实等类别。

（3）砂土

砂土为粒径大于2mm的颗粒含量不超过全重50%、粒径大于0.075mm的颗粒超过全重50%的土。砂土可按粒组含量（从粗到细）分为砾砂、粗砂、中砂、细砂和粉砂。砂土的密实度，可根据标准贯入试验锤击数N分为松散、稍密、中密、密实等类别。

（4）黏性土

黏性土为塑性指数I_p大于10的土，其中$I_p > 17$的称为黏土；$10 < I_p \leqslant 17$的称为粉质黏土。这里需要注意的是，黏性土和黏土是不一样的，黏土属于黏性土的一类。黏性土的状态，可根据土的液性指数I_L分为坚硬、硬塑、可塑、软塑、流塑等类别。其中液性指数I_L是黏性土的天然含水量与塑限含水量之差与塑性指数的比值，是衡量黏性土软硬程度的指标。

（5）粉土

粉土为塑性指数I_p小于或等于10且粒径大于0.075mm的颗粒含量不超过全重50%的土。粉土的性质介于砂土和黏性土之间。砂粒含量较多的粉土，地震时可能产生液化，类似于砂土的性质。黏粒含量较多（>10%）的粉土不会液化。

（6）淤泥和淤泥质土

淤泥为在静水或缓慢的流水环境中沉积，并经生物化学作用形成，其天然含水量大于液限、天然孔隙比大于或等于1.5的黏性土。当天然含水量大于液限而天然孔隙比小于1.5但大于或等于1.0的黏性土或粉土为淤泥质土。

（7）人工填土

人工填土根据其组成和成因，可分为素填土、压实填土、杂填土和冲填土。素填土为由碎石土、砂土、粉土、黏性土等组成的填土。经过压实或夯实的素填土称为压实填土。杂填土为含有建筑垃圾、工业废料、生活垃圾等杂物的填土。冲填土为由水力冲填泥砂而形成的填土。

2. 混凝土基础知识

（1）混凝土强度等级

混凝土是由水泥、砂、石、水、外加剂等组分，按照一定的比例拌制，经凝固硬化后形成的具有较高抗压强度的密实块体。混凝土的强度大小不仅与组成材料的质量和配合比有关，而且与混凝土的养护条件、龄期等因素有关。混凝土的强度等级分为 C15、C20、C25、C30、C35、C40、C45、C50、C55、C60、C65、C70、C75、C80 等不同级别。如 C30 表示立方体抗压强度标准值为 $30N/mm^2$，也就是 30MPa 的混凝土强度等级。C 后面的数字越大表示抗压强度越高。在结构施工图中，一般情况下结构设计总说明中会分类别指出各构件或部件所用的混凝土强度等级。

（2）混凝土结构分类

混凝土结构是以混凝土为主制成的结构，包括素混凝土结构、钢筋混凝土结构和预应力混凝土结构等。素混凝土结构是无筋或不配置受力钢筋的混凝土结构；钢筋混凝土结构是配置受力普通钢筋的混凝土结构；预应力混凝土结构是在混凝土中配置受力的预应力筋，通过张拉或其他方法建立预加应力的混凝土结构。

（3）泵送混凝土

目前泵送混凝土已经成为施工现场混凝土水平和垂直运输的主要方式。混凝土泵送运输是以混凝土泵为动力，通过管道、布料杆，将混凝土直接运至浇筑地点，能同时实现垂直运输与水平运输。混凝土泵送设备与混凝土运输车相配合，可快速完成混凝土运输、浇筑任务。在泵压作用下，混凝土拌合物通过管道进行输送，因此要求泵送混凝土具有可泵性，其坍落度和坍落扩展度应满足泵送高度要求，见表 1-2。

表 1-2　混凝土入泵坍落度与泵送高度关系表

最大泵送高度/m	50	100	200	400	400 以上
入泵坍落度/mm	100～140	150～180	190～220	230～260	—
入泵扩展度/mm	—	—	—	450～590	600～740

（4）防水（抗渗）混凝土

防水混凝土是通过调整配合比或掺加外加剂、掺合料，以提高自身的密实性和抗渗性的特种混凝土。防水混凝土的抗渗能力用抗渗等级表示，它反映了混凝土在不渗漏时的允许水压值，其设计抗渗等级依据工程埋置深度而定，最低为 P6（抗渗压力 0.6MPa），常用 P6、P8、P10、P12 等几个等级。防水混凝土的配合比应通过试验确定。为了保证施工后的可靠性，在进行防水混凝土试配时，其抗渗等级应比设计要求提高 0.2MPa。

3. 钢筋基础知识

（1）钢筋的牌号与表示方法

工程上习惯按钢筋的强度等级进行分级：如强度等级 300MPa 的钢筋称为 Ⅰ 级钢；强度等级 400MPa 的称为 Ⅲ 级钢，强度等级 500MPa 的称为 Ⅳ 级钢。其中除 Ⅰ 级钢是光圆钢筋外，其他等级的钢筋均为带肋钢筋。HPB 是热轧光圆钢筋的英文缩写；HRB（热轧带肋钢筋）、HRBF（细晶粒热轧钢筋）、RRB（余热处理钢筋）是三种常用带肋钢筋品种的英文缩写。钢筋牌号为上述字母缩写加上代表强度等级的数字。例如 HPB300 表示屈服强度为 300MPa 的热轧光圆钢筋；RRB400 表示屈服强度为 400MPa 的余热处理带肋钢筋；HRB500 表示屈服强度为 500MPa 的热轧带肋钢筋。热轧带肋钢筋在建筑工程中最为常用，其表示方法及字符含义见表 1-3。

表 1-3　钢筋的牌号构成及含义

类别	牌号	牌号构成	英文字母含义
普通热轧带肋钢筋	HRB400	由 HRB + 屈服强度特征值构成	HRB——热轧带肋钢筋的英文（Hot rolled Ribbed Bars）缩写
	HRB500		
	HRB600		
	HRB400E	由 HRB + 屈服强度特征值 + E 构成	E——"地震"的英文（Earthquake）首位字母
	HRB500E		

（续）

类别	牌号	牌号构成	英文字母含义
细晶粒热轧带肋钢筋	HRBF400	由 HRBF + 屈服强度特征值构成	HRBF——在热轧带肋钢筋的英文缩写后加"细"的英文（Fine）首位缩写 E——"地震"的英文（Earthquake）首位字母
	HRBF500		
	HRBF400E	由 HRBF + 屈服强度特征值 + E构成	
	HRBF500E		

为便于识别钢筋的牌号、品种和直径，出厂的钢筋表面轧制了相应的符号标志。各种钢筋表面的轧制标志各不相同，HRB400、HRB500 分别为 4、5，HRBF400、HRBF500 分别为 C4、C5，RRB400 为 K4。对于牌号带"E"的热轧带肋钢筋，轧制标志上也带"E"，如 HRBF400E 为 C4E。

（2）带 E 钢筋及性能要求

规范规定：对有抗震设防要求的结构，其纵向受力钢筋的性能应满足设计要求；当设计无具体要求时，对按一、二、三级抗震等级设计的框架和斜撑构件（含梯段）中的纵向受力普通钢筋应采用 HRB400E、HRB500E、HRBF400E 或 HRBF500E 钢筋，其强度和最大力下总伸长率的实测值，应符合下列规定：

1）钢筋的抗拉强度实测值与屈服强度实测值的比值不应小于 1.25。

2）钢筋的屈服强度实测值与屈服强度标准值的比值不应大于 1.30。

3）钢筋的最大力下总伸长率不应小于 9%。

（3）构件中钢筋的分类与作用

普通钢筋是指用于混凝土结构构件中的各种非预应力筋的总称。预应力筋是用于混凝土结构构件中施加预应力的钢丝、钢绞线和预应力螺纹钢筋等的总称。

普通钢筋按其在构件中所起的作用不同，通常加工成各种不同的形状。构件中常见的钢筋可分为纵向受力钢筋、弯起钢筋（斜钢筋）、架立钢筋、分布钢筋、腰筋、拉筋和箍筋等几种类型。

1）纵向受力钢筋。可分受拉钢筋和受压钢筋两类，配筋面积一般通过计算确定。受拉钢筋，配置在受弯构件的受拉区和受拉构件中，承受拉力；受压钢筋，配置在受弯构件的受压区和受压构件中，与混凝土共同承受压力。

2）弯起钢筋。弯起钢筋是受拉钢筋的一种变化形式。在简支梁中，为抵抗支座附近由于受弯和受剪而产生的斜向拉力，就将受拉钢筋的两端弯起来，承受这部分斜拉力，称为弯起钢筋。而在连续梁中，受拉区是变化的：跨中受拉区在连续梁的下部；到接近支座的部位时，梁承受负弯矩，受拉区位于梁的上部，因此为了适应这种受力情况，受拉钢筋到一定位置须弯起。

3）架立钢筋。架立钢筋能够固定箍筋，并与纵向受力钢筋等一起连成钢筋骨架，保证受力钢筋的位置准确，使其在浇筑混凝土过程中不发生移动。

4）箍筋。箍筋除了可以满足斜截面抗剪强度外，还用于固定纵向受力钢筋的位置，使构件内各种钢筋构成钢筋骨架。箍筋的形式主要有开口式和闭口式两种。单个矩形闭口式箍筋也称双肢箍；两个双肢箍拼在一起称为四肢箍。在截面较小的梁中可使用单肢箍；在圆形或有些矩形的长条构件（如柱、桩等）中也常用螺旋形箍筋。

5）腰筋与拉筋。腰筋（又称腹筋）的作用是防止梁太高时，由于混凝土收缩和温度变化导致梁变形而产生竖向开裂，同时也可加强钢筋骨架的刚度。腰筋通过拉筋连结。

6）分布钢筋。分布钢筋是指在垂直于板内纵向受力钢筋方向上布置的构造钢筋。其作用是将板面上的荷载更均匀地传递给受力钢筋，在施工中通过绑扎或点焊来固定主钢筋位置，还可抵抗温度应力和混凝土收缩应力。

7）其他钢筋。由于安装钢筋混凝土构件的需要，在预制构件中，根据构件的体形和质量，在一定位置设置有吊环钢筋。为了进行设备安装和幕墙施工，还需要在主体施工时按设计要求设置预埋钢筋。

4. 砌筑用块体

砌体是由块体和砂浆两部分组成的，砂浆是胶结材料，而块体起骨架作用。根据材质和外形尺寸的不同，砌体中采用的块体可分为砖、砌块、石块三大类，其中砖和砌块的使用最为普遍。砖和砌块都属于人工块体，砖的尺寸比较小而砌块体积比较大。根据规范规定，小型人工块材，长度不超过365mm，宽度不超过240mm，高度不超过115mm的叫作砖，也就是长、宽、高三项指标都不超过相应限值，叫作砖；如果长、宽、高有一项或一项以上的尺寸超过了相应的限值，就叫作砌块。一般来说，砌块体积较大，对于提高生产效率有利。

工程上最常用的块体包括烧结砖、混凝土小型空心砌块和加气混凝土砌块。

（1）烧结砖

烧结砖根据孔洞率大小可以分为烧结普通砖、烧结多孔砖和烧结空心砖。其中烧结普通砖和烧结多孔砖多用于承重砌体结构，烧结空心砖多用于框架填充墙等非承重墙砌筑。

烧结普通砖是指没有孔洞或孔洞率很小的砖，尺寸是240mm×115mm×53mm，按材料分为黏土砖、页岩砖、粉煤灰砖、煤矸石砖等类别，其中黏土砖已经逐步被限制使用了。砖的强度等级用大写字符"MU"加一个数字来表示，数字表示砖的抗压强度，单位为MPa。烧结普通砖一般用于承重墙，因此强度等级较高，具体可分为MU10、MU15、MU20、MU25、MU30等几个等级。

烧结多孔砖指的是孔洞率不大于40%，孔的尺寸小而数量多的烧结砖。常用的有P型、M型多孔砖，规格分别是240mm×115mm×90mm和190mm×190mm×90mm，一个长宽不等、一个长宽相等。其厚度比普通砖要大，都是90mm。因为同样是主要用于承重部位，多孔砖和普通砖的强度等级设置是一样的，最低强度等级是MU10。

如果烧结砖的孔洞率大于等于40%，我们就把这种砖叫作空心砖。空心砖的有效承载截面较小，强度等级也相对较低，一般只有2.5MPa到10MPa，主要用于填充墙的砌筑。常用的烧结空心砖的规格有三种：240mm×115mm×90mm、190mm×190mm×115mm和240mm×180mm×115mm，分别适用于砌筑厚度为120mm、190mm和180mm的墙体。

（2）混凝土小型空心砌块

混凝土小型空心砌块的高度一般为115~380mm，常用的规格有390mm×190mm×190mm、390mm×140mm×190mm和390mm×90mm×190mm。混凝土小型空心砌块多用于承重部位，强度等级分为5MPa、7.5MPa、10MPa、15MPa和20MPa。根据采用骨料的不同，混凝土小型空心砌块又可分为普通混凝土小型空心砌块和轻骨料混凝土小型空心砌块。普通混凝土小型空心砌块是指以碎石或卵石为粗骨料制作的混凝土小型空心砌块；轻骨料混凝土小型空心砌块是指以浮石、陶粒等为粗骨料制作的混凝土小型空心砌块。

（3）加气混凝土砌块

加气混凝土砌块的最大特点是体积大、重量轻，工人可以比较轻松地搬起来。砌块的长度一般是600mm，宽度有125mm、150mm、200mm和250mm四种，高度有200mm、250mm、300mm三种。加气混凝土砌块的密度比较小，一般每立方米的重量在300~800kg之间。这种砌块的强度也是比较低的，强度等级在1.0MPa到10MPa之间，一般用于填充墙。

三、常见建筑结构体系简介

1. 混合结构体系

混合结构房屋一般是指楼盖和屋盖采用钢筋混凝土结构，而墙和柱采用砌体结构建造的房屋。混合结构不宜建造大空间的房屋，大多用在住宅、办公楼、教学楼建筑中，一般在6层以下。混合结构根据承重墙所在的位置，划分为纵墙承重和横墙承重两种方案。纵墙承重方案的特点是楼板支承于梁上，梁把荷载传递给纵墙。横墙的设置主要是为了满足房屋刚度和整体性的要求。其优点是房屋的开间相对大些，使用灵活。横墙承重方案的主要特点是楼板直接支承在横墙上，横墙是主要承重墙。其优点是房屋的横向刚度大，整体性好，但平面使用灵活性差。

为了提高多层砖砌体结构的整体性和抗震性能，需要在砌体内设置圈梁和构造柱。圈梁是在房屋的檐口、窗顶、楼层、吊车梁顶或基础顶面标高处，沿砌体墙水平方向设置封闭状的按构造配筋的混凝土梁式构件。构造柱是在砌体房屋墙体的规定部位，按构造配筋，并按先砌墙后浇筑混凝土的施工顺序制成的混凝土柱。由于钢筋混凝土构造柱的作用主要在于对墙体的约束，因此截面不必很大，但需与各层纵横墙的圈梁或现浇楼板连接，才能发挥约束作用。

2. 框架结构体系

框架结构是利用梁、柱组成的纵、横两个方向的框架形成的结构体系。它同时承受竖向荷载和水平荷载。其主要优点是建筑平面布置灵活，可形成较大的建筑空间，建筑立面处理也比较方便；主要缺点是侧向刚度较小，当层数较多时，会产生过大的侧移，易引起非结构性构件（如隔墙、装饰等）破坏进而影响使用。框架结构梁和柱节点的连接构造直接影响结构安全及施工的方便，因此对于梁柱节点区域的混凝土强度等级，钢筋排布与锚固等，都应符合相关的构造要求。

3. 剪力墙体系

剪力墙结构，是由纵向、横向的钢筋混凝土墙所组成的结构，即结构采用剪力墙的结构体系。墙体除抵抗水平荷载和竖向荷载外，还对房屋起围护和分割等作用。剪力墙的刚度很大，空间整体性好，房间内不外露梁、柱棱角，便于室内布置，方便使用。缺点是剪力墙的间距小，建筑平面布置不灵活，适用于小开间的住宅和旅馆建筑，不适用于大空间的公共建筑，另外结构自重也较大。

4. 框架-剪力墙结构

框架-剪力墙结构是在框架结构中设置适当剪力墙的结构。它具有框架结构平面布置灵活，空间较大的优点，又具有侧向刚度较大的优点。框架-剪力墙结构中，剪力墙主要承受水平荷载，竖向荷载主要由框架承担。在水平荷载的作用下，剪力墙好比固定于基础上的悬臂梁，其变形为弯曲型变形，框架为剪切型变形。框架与剪力墙通过楼盖连系在一起，并通过楼盖的水平刚度使两者具有共同的变形。

5. 筒体结构

在高层、超高层建筑中，水平荷载在建筑结构设计中起着控制作用。筒体结构便是抵抗水平荷载最有效的结构体系。它的受力特点是，整个建筑犹如一个固定于基础上的封闭空心筒式悬臂梁来抵抗水平力。筒体结构可分为框架-核心筒结构、筒中筒结构以及多筒结构等。框架-核心筒结构就是在建筑的中央部分，由电梯井道、楼梯、通风井、电缆井、公共卫生间、部分设备间围护形成中央核心筒，与外围框架形成一个外框内筒结构。这种结构体系十分有利于结构受力，并具有较好的抗震性能，是目前高层、超高层建筑广泛采用的主流结构形式。

第三节　施工图设计文件的组成

建筑工程施工的基本原则是"按图施工"，施工图设计文件是进行施工的基本依据。因此，拿到一项工程的全套图纸后，需要认真识读，从整体到细部，对工程有一个全面而又深入的认知，以顺利实施建造过程。一项工程的完成是多专业合作的结果，其设计文件也是由几个专业的设计成果组成的。各专业设计内容都需要在同一建筑实体上实现，因此各专业的设计、施工既相互独立，又需要相互协调、有机配合。因此，识读施工图的过程应该遵循建筑与结构相结合、土建与设备相结合的原则。

一、施工图的组成

建筑工程施工图是将建筑物的平面布置、外形轮廓、尺寸大小、结构构造和材料做法等内容，按照国家标准的规定，用正投影方法详细准确地画出的样图；是用于组织、指导建筑施工，进行经济核算、工程监理，完成整个建筑建造的一套图样。它不仅表示建筑物在用地规划范围内的总体布局，还要清楚地表达出建筑物本身的外部造型、内部布置、细部构造和施工要求等。

建筑工程施工图是由设计单位根据设计任务书的要求、有关的设计资料、计算数据和建筑艺术等多方面因素设计绘制而成的。一套完整的施工图一般由建筑施工图、结构施工图、水暖施工图、电气施工图等图纸组成。工程上习惯把建筑施工图、结构施工图统称为土建施工图；而把建筑水暖施工图、建筑电气施工图等统称为设备施工图。因此，按这个命名习惯，一套完整的施工图可看作是由土建施工图和设备施工图两大部分组成。此外，对于开挖深度大于5m或开挖深度小于5m但地质条件或周边环境较复杂的基坑（槽）工程，需要进行专项设计，编制设计文件，其施工一般也是由土建施工队伍完成的。随着工程技术的发展，超过5m深的基坑已经非常普遍，很多工程都要进行深基坑专项设计和施工，这就要求土建工程师能够熟练识读基坑施工图。因此本书将基坑工程施工图纳入土建施工图的范围。表1-4为建筑工程施工图的专业划分及各专业施工图的内容与组成。

表1-4 建筑工程施工图组成

类别	专业划分	设计内容	设计文件组成
土建施工图	建筑施工图	房屋的总体布局、外部形状、内部布置、内外装修、细部构造、施工要求等内容	建筑设计说明、总平面图、建筑平面图、建筑立面图、建筑剖面图、建筑详图、门窗表等
	结构施工图	基础构件、梁、板、柱、墙、楼梯、雨篷等承重构件的布置、形状、材料、做法等内容	结构设计说明、基础平面图、基础详图、结构平面图、构件详图、节点详图、楼梯结构图等
	基坑施工图	基坑支护体系布置与构造，基坑工程施工要求，监测内容、要求以及相关的报警值，应急措施等内容	基坑周边环境图、基坑周边地层展开图、基坑平面布置图、基坑支护结构剖面图和立面图、支撑平面布置图、构件详图、基坑监测布置图、基坑降水（排水）平面图
设备施工图	给水排水施工图	房屋内部给水管道、排水管道、用水设备等内容	给水排水设计说明、给水平面图、给水系统图、排水平面图、排水系统图、安装详图等
	采暖通风施工图	房屋采暖、通风管道及设备的图纸，它包括采暖和通风两个专业	平面图，通风、空调、制冷机房平面图和剖面图，系统图、立管或竖风道图，通风、空调剖面图和详图
	建筑电气施工图	包括强电和弱电，强电主要指照明动力等，弱电包括通信、网络、有线电视等内容	电气总平面图，变、配电站设计图，配电、照明设计图，建筑设备控制原理图，防雷、接地及安全设计图

二、施工图的特点

1. 正投影法绘制

施工图中的各图纸，均采用正投影法绘制，所绘图纸都应该符合正投影的投影规律。

2. 合理选用图幅

在图幅大小允许时，可将平面图、立面图、剖面图按投影关系绘制在同一张图纸上，如果图幅过小，可分别绘制在几张图纸上。

3. 选取适当比例

由于建筑物形体较大，因此施工图一般采用较小比例绘制。在小比例图中无法表达清楚的细部构造，需要配以比例较大的详图来表达，并用文字加以说明。

4. 标准制图符号

施工图由于比例较小，构配件和材料种类众多，造成表达困难，为方便制图、识图，国家标准规定了一系列的图形符号来代表建筑构配件、卫生设备、建筑材料等，这些图形符号称为图例。

三、施工图中常用的表示方法

为了保证制图质量、提高效率、表达统一和便于识读，我国制定了国家标准《房屋建筑制图统一标准》GB/T 50001、《总图制图标准》GB/T 50103、《建筑制图标准》GB/T 50104、《建筑结构制图标准》GB/T 50105 等，以下是施工图中的一些常用的表示方法。

1. 绘图比例

图样的比例为图形与实物相对应的线性尺寸之比。比例的大小，是指其比值的大小，如 1:50 大于 1:100。比例应以阿拉伯数字表示，如 1:1、1:2、1:10、1:100 等。

建筑物一般体量较大，房屋施工图一般都采用缩小的比例尺绘制。但房屋内部各部分构造情况，在小比例的平、立、剖面图中又不可能表示得很清楚，因此对局部节点就要用较大比例将其内部构造详细绘制出来。施工图选用比例的原则是在保证图样能清晰表达其内容的情况下，尽量使用较小比例。建筑与结构施工图中常用比例和可用比例见表 1-5。

表 1-5 绘图所用的比例

常用比例	1:1、1:2、1:5、1:10、1:20、1:30、1:50、1:100、1:150、1:200、1:500、1:1000、1:2000
可用比例	1:3、1:4、1:6、1:15、1:25、1:40、1:60、1:80、1:250、1:300、1:400、1:600、1:5000、1:10000、1:20000、1:50000、1:100000、1:200000

2. 定位轴线

在施工图中通常将房屋的基础、墙、柱、屋架等承重构件的轴线画出，并进行编号，以便于施工时定位放线和查阅图纸，这些轴线称为定位轴线。

定位轴线采用细点画线表示，轴线编号的圆圈用细实线，在圆圈内写上编号，如图 1-15 所示。在平面图上水平方向的编号采用阿拉伯数字，从左向右依次编写；垂直方向的编号，用大写英文字母自下而上顺次编写。在较简单或对称的房屋中，平面图的轴线编号，一般标注在图形的下方及左侧。较复杂或不对称的房屋，图形上方和右侧也需标注。

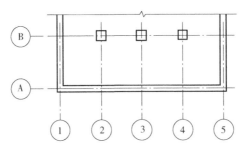

图 1-15 定位轴线的编号顺序

对于一些与主要承重构件相联系的次要构件，它的定位轴线一般作为附加轴线，编号可用分数表示。分母表示前一轴线的编号，分子表示附加轴线的编号，用阿拉伯数字顺序编写。当①号轴线或Ⓐ号轴线之前需加设附加轴线时，应以分母⑴、⓪ᴬ分别表示。

组合较复杂的平面图中定位轴线可采用分区编号（图1-16），编号的注写形式应为"分区号-该分区定位轴线编号"，分区号宜采用阿拉伯数字或大写英文字母表示；多子项的平面图中定位轴线可采用子项编号，编号的注写形式为"子项号-该子项定位轴线编号"，子项号采用阿拉伯数字或大写英文字母表示，如①-1①-A或A-1A-2。当采用分区编号或子项编号，同一根轴线有不止1个编号时，相应编号应同时注明，如图中①-D与③-A、①-7与②-1。

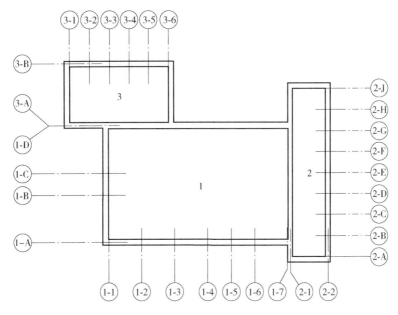

图 1-16　定位轴线的分区编号

当一个详图适用于几根轴线时，应同时注明各有关轴线的编号（图1-17）。通用详图中的定位轴线，应只画圆，不注写轴线编号。

图 1-17　详图的轴线编号

圆形与弧形平面图中的定位轴线，其径向轴线应以角度进行定位，其编号宜用阿拉伯数字表示，从左下角或 −90°（若径向轴线很密，角度间隔很小）开始，按逆时针顺序编写；其环向轴线宜用大写英文字母表示，从外向内顺序编写（图1-18、图1-19）。圆形与弧形平面图的圆心宜选用大写英文字母编号（I、O、Z除外），有不止1个圆心时，可在字母后加注阿拉伯数字进行区分，如P1、P2、P3。

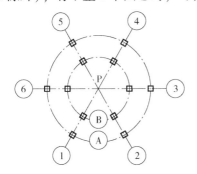

图 1-18　圆形平面定位轴线的编号

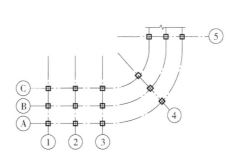

图 1-19　弧形平面定位轴线的编号

3. 标高

标高表示建筑物某一部位的高度，有绝对标高和相对标高两种。绝对标高是以一个国家或地区统一规定的以某一基准面作为零点的标高；相对标高是以建筑物的首层（即底层）室内地面作为零点的标高。除总平面图采用绝对标高外，一般施工图都采用相对标高，即把首层室内地面标高定为相对标高的零点，注写成 ±0.000，并在施工图总说明中说明相对标高和绝对标高的关系。再由当地附近的水准点（绝对标高）来测定拟建工程的首层地面标高。

施工图上，采用标高符号表示某一部位的高度，标高符号的尖端应指至被注高度的位置，标高数字应注写在标高符号的上侧或下侧，如图 1-20a 所示。总平面图室外地坪标高一般用涂黑的三角形表示。标高数值以米为单位，一般标注至小数点后三位数（总平面图中为两位数）。在建筑施工图中的标高数字表示其完成面的数值。如标高数字前有 "−" 号的表示该处完成面低于零点标高，如 −0.500。如数字前没有符号的，则表示高于零点标高，如 3.600。如同一位置表示几个不同标高时，可按图 1-20b 的形式注写。

4. 索引符号与详图符号

图样中的某一局部或构件，如需另见详图，应以索引符号索引（图 1-21a）。索引出的详图，如与被索引的详图同在一张图纸内，应在索引符号的上半圆中用阿拉伯数字注明该详图的编号，并在下半圆中间画一段水平细实线（图 1-21b）。当索引出的详图与被索引的详图不在同一张图纸中，应在索引符号的上半圆中用阿拉伯数字注明该详图的编号，在索引符号的下半圆用阿拉伯数字注明该详图所在图纸的编号（图 1-21c）。数字较多时可加文字标注。当索引出的详图采用标准图时，应在索引符号水平直径的延长线上加注该标准图集的编号，如图 1-21d 所示。

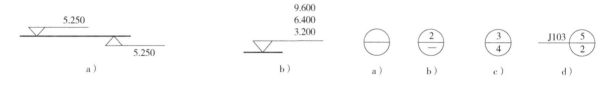

图 1-20　标高的表示方法　　　　　　　　　　图 1-21　索引符号表示方法

5. 剖切符号

剖切符号宜优先选择国际通用方法表示（图 1-22），也可采用常用方法表示（图 1-23），同一套图纸应选用一种表示方法。剖切符号标注的位置应符合下列规定：

1）建（构）筑物剖面图的剖切符号应标注在 ±0.000 标高的平面图或首层平面图上。

2）局部剖切图（不含首层）、断面图的剖切符号应标注在包含剖切部位的最下面一层的平面图上。

采用国际通用剖视表示方法时，剖面及断面的剖面符号应符合下列规定：剖面剖切索引符号应由直径为 5～10mm 的圆和水平直径以及两条相互垂直且外切圆的线段组成，水平直径上方应为索引编号，下方应为图纸编号，线段与圆之间应填充黑色并形成箭头表示剖视方向，索引符号应位于剖线两端。

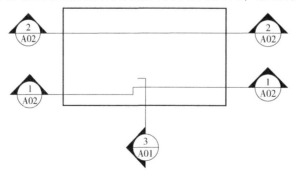

图 1-22　剖视的剖切符号（国际通用方法）

采用常用方法表示时（图 1-23），剖面的剖切符号应由剖切位置线及剖视方向线组成，剖面的剖切符号应符合下列规定：剖视方向线应垂直于剖切位置线，长度应短于剖切位置线。剖视剖切符号的编号宜采用粗阿拉伯数字，按剖面顺序由左至右、由下向上连续编排，并应注写在剖视方向线的端部；需要转折的剖切位置线，应在转角的外侧加注与该符号相同的编号。

断面的剖切符号应仅用剖切位置线表示，其编号应注写在剖切位置线的一侧；编号所在的一侧应为该断面的剖视方向，其余同剖面的剖切符号（图 1-24）。当与被剖切图样不在同一张图内时，应在剖切位置线的另一侧注明其所在图纸的编号（图 1-24），也可在图上集中说明。

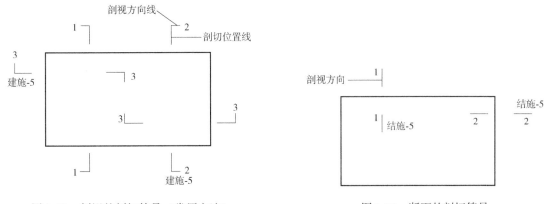

图 1-23　剖视的剖切符号（常用方法）　　　　　图 1-24　断面的剖切符号

索引剖视详图时，应在被剖切的部位绘制剖切位置线，并以引出线引出索引符号，引出线所在的一侧应为剖视方向（图 1-25）。

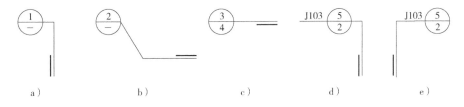

图 1-25　用于索引剖视详图的索引符号

6. 其他符号

对称符号应由对称线和两端的两对平行线组成。对称线应用单点长划线绘制；平行线应用实线绘制，对称线应垂直平分于两对平行线，如图 1-26 所示。

连接符号应以折断线表示需连接的部分。两部位相距过远时，折断线两端靠图样一侧应标注大写英文字母表示连接编号。两个被连接的图样应用相同的字母编号，如图 1-27 所示。

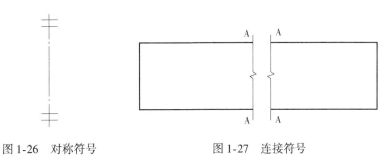

图 1-26　对称符号　　　　　　　　图 1-27　连接符号

在建筑总平面图及建筑物 ±0.000 标高的平面图上，应绘制指北针。指北针的形状宜符合图 1-28 的规定，指针头部应注"北"或"N"字。当用较大直径绘制指北针时，指针尾部的宽度宜为直径的 1/8。

风玫瑰是总平面图上用来表示该地区每年风向频率的标志。它是以十字坐标定出东、南、西、北、东南、东北、西南、西北……等 16 个方向后，根据该地区多年平均统计的各个方向吹风次数的百分数值，绘成的折线图形，称为风频率玫瑰图，简称风玫瑰图。图上所表示的风的吹向，是指从外面吹向地区中心的。风玫瑰的形状见图 1-29，此风玫瑰图说明该地多年平均的最频风向是西北风。虚线表示夏季的主导风向，由图可知为东南风。

对图纸中局部变更部分宜采用云线（图 1-30），并宜注明修改版次。修改版次符号宜为正等边三角形，修改版次应采用数字表示。

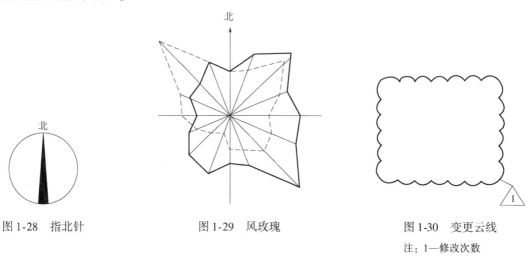

| 图 1-28 指北针 | 图 1-29 风玫瑰 | 图 1-30 变更云线 |

注：1—修改次数

7. 常用建筑材料图例

图例是施工图上用图形来表示一定含义的一种符号，具有一定的形象性，使人看到后就能体会到其所代表的物料或实体，常用建筑材料图例列于表 1-6，供读者参考。

表 1-6 常用建筑材料图例

序号	名称	图例	备注
1	自然土壤		包括各种自然土壤
2	夯实土壤		—
3	砂、灰土		—
4	砂砾土、碎砖三合土		—
5	石材	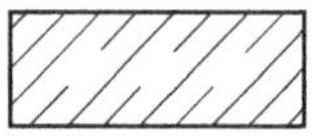	—
6	毛石	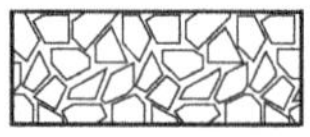	—
7	实心砖、多孔砖	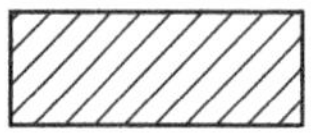	包括普通砖、多孔砖、混凝土砖等砌体
8	耐火砖	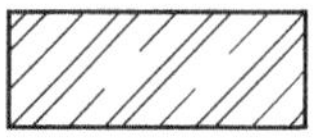	包括耐酸砖等砌体
9	空心砖、空心砌块	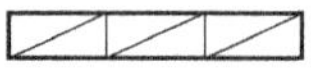	包括空心砖、普通或轻骨料混凝土小型空心砌块等砌体

（续）

序号	名称	图例	备注
10	加气混凝土	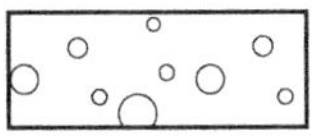	包括加气混凝土砌块砌体、加气混凝土墙板及加气混凝土材料制品等
11	饰面砖	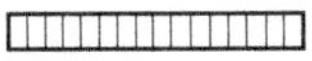	包括铺地砖、玻璃马赛克、陶瓷锦砖、人造大理石等
12	焦渣、矿渣	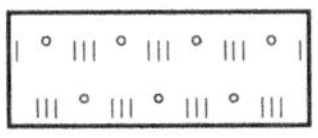	包括与水泥、石灰等混合而成的材料
13	混凝土	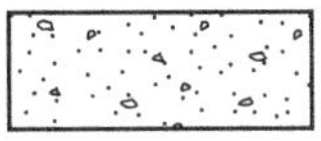	1. 包括各种强度等级、骨料、添加剂的混凝土 2. 在剖面图上绘制表达钢筋时，则不需绘制图例线 3. 断面图形较小，不易绘制表达图例线时，可填黑或深灰
14	钢筋混凝土	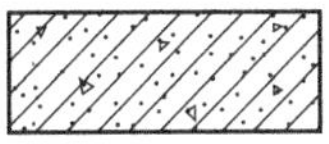	
15	多孔材料	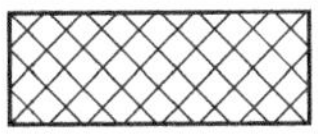	包括水泥珍珠岩、沥青珍珠岩、泡沫混凝土、软木、蛭石制品等
16	纤维材料	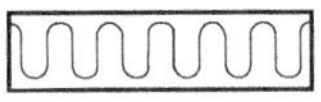	包括矿棉、岩棉、玻璃棉、麻丝、木丝板、纤维板等
17	泡沫塑料材料	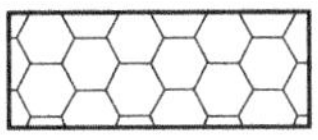	包括聚苯乙烯、氯乙烯、聚氨酯等多聚合物类材料
18	木材		1. 上图为横断面，左上图为垫木、木砖或木龙骨 2. 下图为纵断面
19	胶合板		应注明胶合板层数
20	石膏板	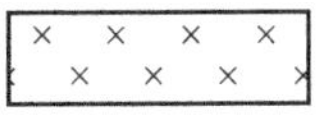	包括圆孔或方孔石膏板、防水石膏板、硅钙板、防火石膏板等
21	金属	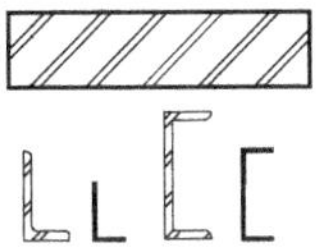	1. 包括各种金属 2. 图形较小时，可填黑或深灰
22	网状材料		1. 包括金属、塑料网状材料 2. 应注明具体材料名称
23	液体	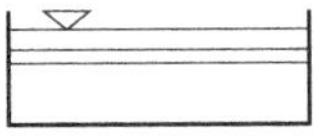	应注明具体液体名称
24	玻璃		包括平板玻璃、磨砂玻璃、夹丝玻璃、钢化玻璃、中空玻璃、夹层玻璃、镀膜玻璃等
25	橡胶		—
26	塑料		包括各种软、硬塑料及有机玻璃等
27	防水材料		构造层次多或绘制比例大时，采用上面的图例
28	粉刷	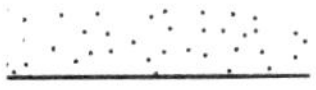	本图例采用较稀的点

第二章　如何识读建筑施工图

第一节　建筑施工图概述

建筑施工图是表示房屋的总体布局、外部形状、内部布置、内外装修、所需材料、细部构造、施工要求等情况的图纸。这类图纸只表示建筑上的构造，而非结构承重体系的构造，是进行房屋施工放线、砌筑墙体、门窗安装、保温防水、室内外装修等工作的主要依据。

一、建筑施工图的组成

建筑施工图一般包括图纸目录、设计总说明、总平面图、建筑平面图、建筑立面图、建筑剖面图、建筑详图等基本内容，见表 2-1。

表 2-1　建筑施工图的组成

名　称	内　容	作　用
图纸目录	图纸序号、名称、编号、尺寸、版次；引用标准图集名称、编号等	列明图纸信息及图集引用情况，便于快速查阅
设计总说明	设计依据、项目概况、设计标高、墙体做法、楼面、地面、屋面做法、室内外装修、门窗及幕墙工程信息；无障碍设计说明、防火设计说明、节能设计说明、绿色建筑设计说明	列明工程做法及相关数据，为结构设计和工程施工提供依据
总平面图	总平面图、竖向布置图、土石方图、管道综合图、绿化及建筑小品布置图、详图等	施工定位、放线的重要依据，是室外管线施工的依据，是进行施工现场平面布置以及选定运输道路的依据
建筑平面图	地下室平面图、首层平面图、标准层平面图、顶层平面图、屋顶平面图等	是其他建筑施工图的基础，并建立与其他详图、图集的关联，在建筑施工图中处于核心地位
建筑立面图	正立面图、背立面图、左侧立面图、右侧立面图	表示建筑物的体型和外观，表明外墙面装饰材料与装饰要求
建筑剖面图	需剖切到的构配件主要有：屋面（包括隔热层及吊顶），楼面，室内外地面（包括台阶、明沟及散水等），内外墙身及其门、窗（包括过梁、圈梁、防潮层、女儿墙及压顶），各种承重梁和联系梁，楼梯梯段及楼梯平台，雨篷及雨篷梁，阳台，走廊等	对无法在平面图及立面图中表述清楚的局部进行剖切以展示清楚建筑内部构造
建筑详图	楼梯详图、厨卫详图、门窗详图、墙身详图等	表示建筑细部构造的施工图，是在局部对建筑物进行的细化设计，是建筑平、立、剖面图的补充

二、建筑施工图常用图例

建筑施工图中常用图例见表 2-2。这些图例包括总平面图上常用的图例、表示建筑构造及配件的图例等。除了这些常用图例，建筑施工图中还经常会使用其他补充图例，这些补充图例所代表的内容应参照图例说明确定。

表2-2 建筑施工图常用图例

序号	名称	图例	备注
1	新建建筑物	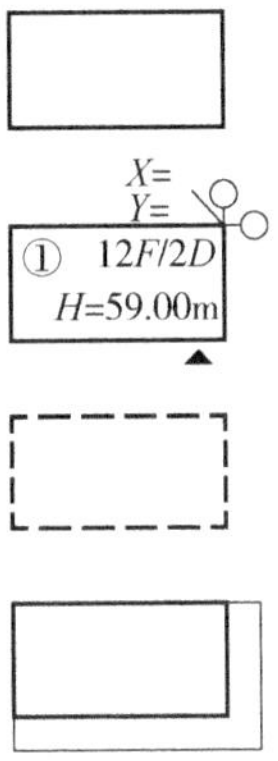 ① 12F/2D H=59.00m X= Y=	新建建筑物以粗实线表示与室外地坪相接处±0.00外墙定位轮廓线 建筑物一般以±0.00高度处的外墙定位轴线交叉点坐标定位。轴线用细实线表示，并标明轴线号 根据不同设计阶段标注建筑编号、地上、地下层数，建筑高度，建筑出入口位置 地下建筑物以粗虚线表示其轮廓 建筑上部（±0.00以上）外挑建筑用细实线表示 建筑物上部连廊用细虚线表示并标注位置
2	原有建筑物		用细实线表示
3	计划扩建的预留地或建筑物		用中粗虚线表示
4	坐标	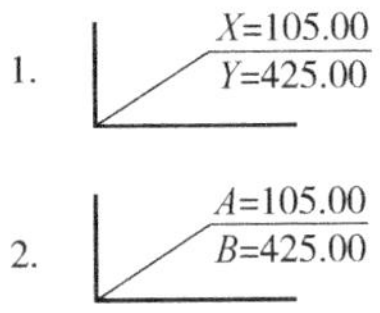 1. X=105.00 Y=425.00 2. A=105.00 B=425.00	1. 表示地形测量坐标系 2. 表示自设坐标系 坐标数字平行于建筑标注
5	室内地坪标高	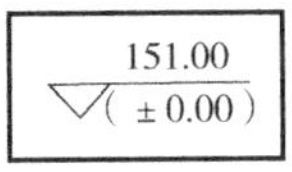 151.00 (±0.00)	数字平行于建筑物书写
6	室外地坪标高	 ▼ 143.00	室外标高也可采用等高线
7	墙体		1. 上图为外墙，下图为内墙 2. 外墙细线表示有保温层或有幕墙 3. 应加注文字或涂色或图案填充表示各种材料的墙体 4. 在各层平面图中防火墙宜着重以特殊图案填充表示
8	隔断	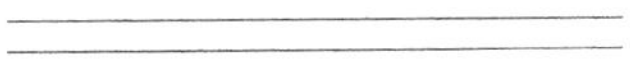	1. 加注文字或涂色或图案填充表示各种材料的轻质隔墙 2. 适用于到顶或不到顶隔断
9	玻璃幕墙		幕墙龙骨是否表示由项目设计决定
10	栏杆		—
11	楼梯	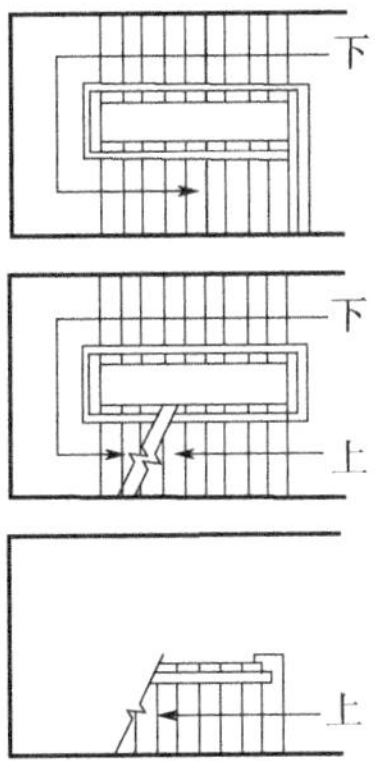	1. 上图为顶层楼梯平面，中图为中间层楼梯平面，下图为底层楼梯平面 2. 需设置靠墙扶手或中间扶手时，应在图中表示

序号	名称	图例	备注

（续）

序号	名称	图例	备注
12	坡道	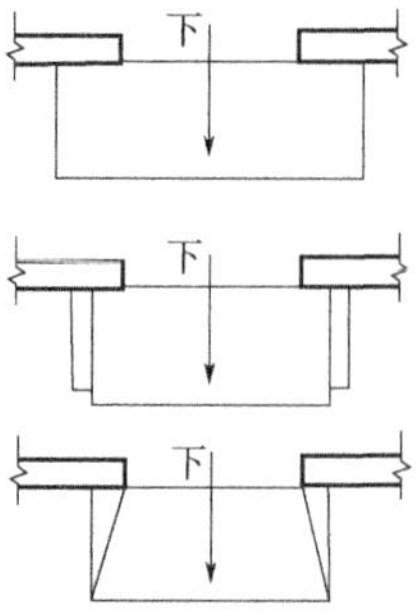	上图为两侧垂直的门口坡道，中图为有挡墙的门口坡道，下图为两侧找坡的门口坡道
13	台阶	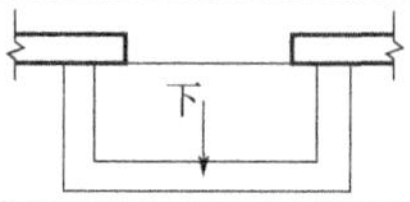	—
14	平面高差	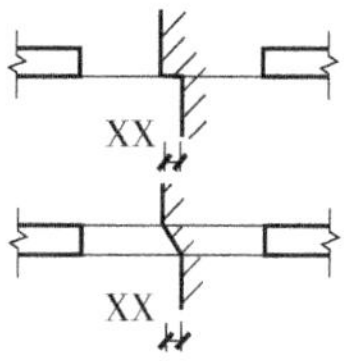	用于高差小的地面或楼面交接处，并应与门的开启方向协调
15	检查门		左图为可见检查口，右图为不可见检查口
16	孔洞		阴影部分亦可填充灰度或涂色代替
17	坑槽		—
18	墙预留洞、槽	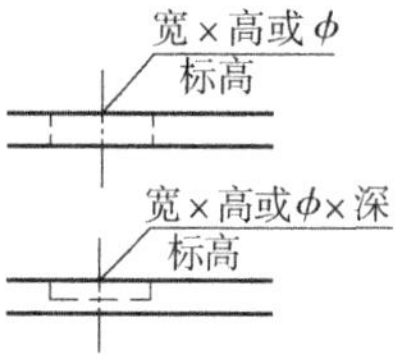 宽×高或φ 标高 宽×高或φ×深 标高	1. 上图为预留洞，下图为预留槽 2. 平面以洞（槽）中心定位 3. 标高以洞（槽）底或中心定位 4. 宜以涂色区别墙体和预留洞（槽）
19	地沟	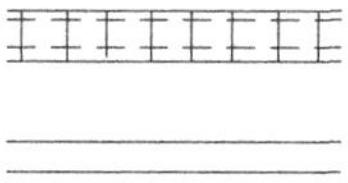	上图为有盖板地沟，下图为无盖板明沟
20	烟道	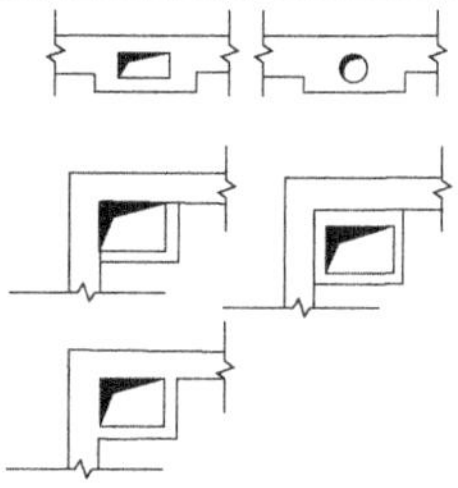	1. 阴影部分亦可填充灰度或涂色代替 2. 烟道、风道与墙体为相同材料，其相接处墙身线应连通 3. 烟道、风道根据需要增加不同材料的内衬
21	风道	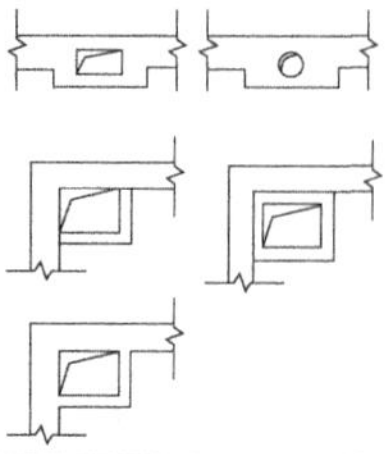	
22	新建的墙和窗	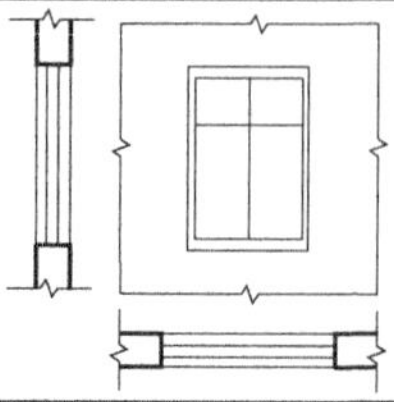	—

三、建筑施工图识图步骤

建筑设计在工程设计中具有龙头和引领的作用，是结构、水暖电等其他专业设计的依据和基准，所以看懂建筑施工图就显得格外重要。建筑施工图一般由以下几部分组成：图纸目录、设计总说明、总平面图、建筑平面图、建筑立面图、建筑剖面图、建筑详图等。对于初学者，可以按照以下的原则和顺序识读建筑施工图。

1. 总体了解

首先看图纸目录，对照目录了解建筑施工图的数量和图纸的编排顺序；检查图纸是否齐全，了解设计图纸采用了哪些标准图并备齐相关图集。

例如，表 2-3 为某商务楼工程建筑施工图目录。这个项目的建筑施工图除了总平面图、一般设计说明（8、9、10、11、14 项）、建筑平面图（15～22 项）、建筑立面图（23～26 项）、建筑剖面图、建筑详图（28～34 项）等图纸外，还包括防火设计、人防设计、节能设计、绿建设计等专项设计或说明内容。这些专项设计或说明一般放在建筑施工图中，但其具体内容会涉及结构、水暖电等专业，专业交叉多，信息量很大，需要各专业工程技术人员认真识读，领会并充分实现设计者的意图。

表 2-3　某商务楼工程建筑施工图目录

序号	图纸名称	图号	实际张数	图纸规格
1	封面		1	A4
2	目录	目录-1	1	A4
3	总平面图	建总-1	1	A0
4	防火专篇	建防-1	1	A0
5	人防设计说明、门窗表	建防说-1	1	A0
6	甲类公共建筑节能设计说明（一）	建节-1	1	A0
7	甲类公共建筑节能设计说明（二）	建节-2	1	A0
8	设计说明（一）	建说-1	1	A0
9	设计说明（二）	建说-2	1	A0
10	工程做法表（一）	建说-3	1	A0
11	工程做法表（二）、室内装修表	建说-4	1	A0
12	绿色建筑设计专篇（一）	建说-5	1	A0
13	绿色建筑设计专篇（二）	建说-6	1	A0
14	门窗表、门窗小样	建说-7	1	A0
15	地下二层平面图	建-1	1	A0
16	地下二层战时平面图	建-2	1	A0
17	地下一层平面图	建-3	1	A0
18	首层平面图	建-4	1	A0
19	二层平面图	建-5	1	A0
20	三层平面图	建-6	1	A0
21	四层平面图	建-7	1	A0

（续）

序号	图纸名称	图号	实际张数	图纸规格
22	屋顶层平面图	建-8	1	A0
23	①～⑦立面图	建-9	1	A0
24	⑦～①立面图	建-10	1	A0
25	Ⓐ～Ⓔ立面图	建-11	1	A0
26	Ⓔ～Ⓐ立面图	建-12	1	A0
27	1—1 剖面图	建-13	1	A0
28	坡道详图、卫生间详图	建-14	1	A0
29	楼梯详图（一）	建-15	1	A0
30	楼梯详图（二）	建-16	1	A0
31	外檐详图（一）	建-17	1	A0
32	外檐详图（二）	建-18	1	A0
33	外檐详图（三）	建-19	1	A0
34	口部详图、泵房详图	建-20	1	A0

2. 识读建筑设计总说明及总平面图

识读建筑设计总说明和总平面图等，目的是从总体上了解工程情况，如工程名称、工程设计单位、建设单位、新建房屋的数量、位置、层数、周围相邻建（构）筑物、道路情况等，为施工定位放线、安排施工现场平面和材料设备进场做准备，并制定技术、质量、安全和环保措施以保证施工期间相邻建（构）筑物以及道路、地下管线的安全，并能满足环保要求。

3. 识读平、立、剖面图

首先看各层的建筑平面图，特别是首层平面图，了解建筑物的长度、宽度、轴网布置、房间的布局、功能、开间、进深等，了解各层平面布置和房间功能布局的变化。然后识读剖面图和立面图，并注意平面图、立面图、剖面图穿插、对照识读。建筑总平面图主要描述的是拟建工程及周边环境的平面布置及位置信息，其目的是完成建筑物的定位，建筑平面图则帮助读者建立拟建建筑平面的、二维的模型；而立面图、剖面图等信息的进一步叠加，则可以完成对房间、走廊、楼梯等建筑组成部分的空间定位，确定各组成部分的相对位置关系，帮助读者想象拟建工程的规模和轮廓，在头脑中建立起三维的建筑模型。

4. 查阅标准图集

在施工图中有些构配件和节点详图（材料、构造做法），常选自标准图集，因此需要购置施工图中注明的标准图集，学会查阅施工图中所引用的图集内容。阅读标准图集时，应首先阅读总说明，了解编制该标准图集的设计依据、使用范围、施工要求及注意事项等；同时了解标准图集的内容编排和表示方法。

5. 对照其他专业施工图

仅依据建筑施工图，还无法完成建筑的建造过程，无法实现建筑物的全部功能。因此，在掌握建筑施工图信息的基础上，施工人员要认真对照识读不同的专业设计文件，如将建筑施工图与结构施工图进行对照识读，将建筑施工图与水、暖、电施工图进行对照识读，并对不同的专业施工内容进行统筹考虑，以减少和避免不同专业设计内容的相互矛盾和碰撞。

6. 图纸会审与设计变更

识读图纸过程中，要认真记录施工图中存在的问题，如错、漏、交代不清楚的内容，以及建筑施工图与本专业施工图不一致的内容等。将问题汇总后利用图纸会审、设计交底等机会，或通过建设单位向设计单位提出。设计单位针对存在的问题发布的设计变更也是施工图设计文件的重要组成部分，施工方要认真遵照执行。

第二节　建筑设计总说明

一、建筑设计总说明的内容

建筑设计总说明通常放在图纸目录或总平面图之后，主要包括以下内容：

1）编制施工图所依据的文件名称和文号，如批文、本专业设计所执行的主要法规和所采用的主要标准（包括标准名称、编号、年号和版本号）及设计合同等。

2）项目概况。

内容一般应包括建筑名称、建设地点、建设单位、建筑面积、建筑基底面积、项目设计规模等级、设计使用年限、建筑层数和建筑高度、建筑防火分类和耐火等级、人防工程类别和防护等级、人防建筑面积、屋面防水等级、地下室防水等级、主要结构类型、抗震设防烈度等，以及能反映建筑规模的主要技术经济指标，如住宅的套型和套数（包括套型总建筑面积等）、旅馆的客房间数和床位数、医院的床位数、车库的停车泊位数等。

3）设计标高。工程的相对标高与总图绝对标高的关系。

4）室内外装修做法及材料要求。

建筑工程不同部位有不同的工程做法，为了方便表达和查阅，一般将这些工程做法统一汇总为表格的形式，这些表格的格式不尽相同，名称也不一样，有的叫作营造做法表、有的叫工程做法表，但基本内容都是相同的，一般列明施工部位、所用材料、工程做法或工程做法索引、主要参数指标或质量等级要求等，涉及部位或施工过程主要包括楼地面、墙面、顶棚、踢脚、屋面、吊顶、保温、防水等。

5）对采用新技术、新材料和新工艺的做法说明及对特殊建筑造型和必要的建筑构造的说明。

6）门窗表及门窗性能（防火、隔声、防护、抗风压、保温、隔热、气密性、水密性等）、窗框材质和颜色、玻璃品种和规格、五金件等的设计要求。

7）幕墙工程（玻璃、金属、石材等）及特殊屋面工程（金属、玻璃、膜结构等）的相关要求。

8）电梯（自动扶梯、自动步道）选择及性能说明（功能、额定载重量、额定速度、停站数、提升高度等）。

9）建筑防火设计说明，包括总体消防、建筑单体的防火分区、安全疏散、疏散人数和宽度计算、防火构造、消防救援窗设置等。

10）无障碍设计说明。

11）建筑节能设计说明。

12）当项目按绿色建筑要求建设时，应有绿色建筑设计说明。

13）当项目按装配式建筑要求建设时，应有装配式建筑设计说明。

14）其他需要说明的问题。

二、建筑设计总说明实例

现以某单位配电房工程为例来介绍建筑设计总说明的内容和作用。工程有大有小，有繁有简，因此建筑设计说明内容有多有少，详尽程度也不相同。配电房工程虽小，建筑设计总说明篇幅也不多，但是对工程建筑设计的主要信息做出了较为全面的表述，对于识读建筑施工图的其他内容具有提纲挈领的作用。除总平面图引用其他工程示例外，本书后续平、立、剖、详图等均以本工程为范例，以帮助读者更系统地掌握建筑施工图的识图方法和技巧。

某单位配电房建筑设计总说明

（1）本工程是某单位配电房。配电房为两层框架结构，一层层高4.5m，二层层高5.4m，建筑高度10.25m，总建筑面积275.87m²，占地面积134.48m²。该配电房耐火等级二级，屋面防水等级一级，二道防水设防。结构形式为钢筋混凝土框架结构，抗震设防烈度为7度，设计使用年限50年。配电房±0.000 = 65.350m（绝对标高），室内外高差为350mm；定位图详见本工程建筑总平面图。

（2）本工程墙体采用200mm厚煤矸石空心砖，墙身砌筑要求：

1）墙身不可随意剔凿。管道孔及吊挂件应在墙体砌筑时留洞或预埋铁件。

2）凡门窗洞口及内墙阳角处均应用18mm厚1:2.5水泥砂浆护角，每边宽80mm，高度不小于2m。

（3）本工程防火门为钢制，朝疏散方向开启，样式由建设单位自定；窗型材采用塑钢窗、5+9A+5厚普通玻璃。窗的气密性等级不应低于4级；水密性等级不应低于3级；一层所有外窗装不锈钢防盗网栅，所有窗加设8mm×8mm防小动物钢丝网。所有电气设备房间的门内侧设置防止小动物进入的活动挡板。外门设挡鼠板，高度为600mm。

本工程采用门窗的类型、编号、尺寸、数量、质量要求、高度等参见表2-4及图2-1。

表2-4　门窗表

类型	设计编号	洞口尺寸/mm 宽	洞口尺寸/mm 高	1F	2F	总计	备注
防火门	FM甲1021	1000	2100	—	2	2	钢制防火门，专业厂家订制
防火门	FM甲1027	1000	2700	1	—	1	钢制防火门，专业厂家订制
防火门	FM甲1827	1800	2700	1	3	4	钢制防火门，专业厂家订制
内门	M0821	800	2100	1	—	1	塑钢门
窗	C1015	1000	1500	—	1	1	塑钢窗5+9A+5厚普通玻璃
窗	C1215	1200	1500	2	2	4	塑钢窗5+9A+5厚普通玻璃
窗	C1515	1500	1500	3	3	6	塑钢窗5+9A+5厚普通玻璃
窗	C1815	1800	1500	—	1	1	塑钢窗5+9A+5厚普通玻璃
百叶窗	BYC0606	600	600	5	7	12	塑钢防雨百叶窗
百叶窗	BYC1006	1000	600	—	1	1	塑钢防雨百叶窗
百叶窗	BYC1206	1200	600	2	2	4	塑钢防雨百叶窗
百叶窗	BYC1506	1500	600	3	3	6	塑钢防雨百叶窗
百叶窗	BYC1806	1800	600	—	1	1	塑钢防雨百叶窗

注：
1. 门窗洞口尺寸须现场复核后订货安装。门窗开启侧见平面图
2. 百叶窗内侧及排风扇外侧均设防鼠网，防鼠网无特殊要求时为1.5mm厚目孔8mm×8mm镀锌钢丝网

（4）配电房、通信间自动灭火系统由专业厂家二次设计。

（5）电缆沟最低点预留DN150排水管接至周边排水系统，该排水管口部设防鼠网。

（6）配电房内不准有与其无关的管道（如给水管、污水管、废水管等）通过，如果有必须改到配电房以外通过。

（7）配电房电缆沟与下方地库顶板关系具体参见结构图纸。

（8）不上人无保温屋面做法（从上至下）：

1）40mm厚C20细石混凝土，内配φ6@200双向钢筋网片，随捣随抹光，分格缝不大于3000mm×3000mm（钢筋断开），高分子密封油膏嵌缝，缝宽15mm，与女儿墙交接处缝宽20mm，用高分子油膏嵌

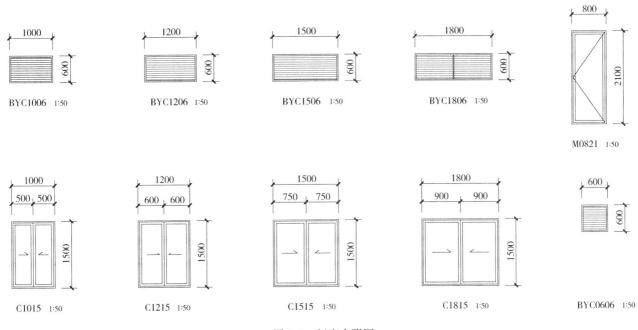

图 2-1 门窗表附图

缝密实。

2）干铺无纺聚酯纤维布一层满铺 0.15mm 厚聚乙烯膜。

3）1.5 厚 BAC-P 双面自粘防水材料。

4）1.5 厚聚合物水泥防水涂料。

5）刷基层处理剂一遍。

6）现浇钢筋混凝土屋面板，随捣随抹光。

（9）本工程应使用预拌混凝土、预拌砂浆。预拌砂浆做法按照《预拌砂浆》（GB/T 25181—2010）及《预拌砂浆应用技术规程》（JGJT 223—2010）规范执行。

（10）不同部位的工程做法详见表 2-5。

表 2-5 工程做法一览表

名称	做法	部位
地下室侧墙迎水面	地下室四周回填 500mm 厚黏性土，分层（250mm 厚）夯实 20mm 厚聚苯乙烯泡沫塑料板粘贴保护层 1.5mm 厚聚氨酯防水涂膜 刷基层处理剂一道 自防水钢筋混凝土外墙（抗渗等级按设计要求）。墙面清理干净并修补平整，螺杆洞按要求封堵完毕，混凝土底板和侧墙、侧墙及侧墙交接处应做成八字倒角，倒角边长不应小于 30～50mm	配电房一层电缆沟侧墙
地下室底板	砖砌	配电房一层电缆沟底板
地面：地砖地面	6～8mm 厚地砖，干水泥擦缝 撒素水泥面（洒适量清水） 25mm 厚（最薄处）1:3 干硬性水泥砂浆结合层 素水泥浆结合层一道（内掺建筑胶） 60mm 厚 C15 混凝土垫层 素土夯实	卫生间

（续）

名称	做法	部位
涂层楼地面	环氧树脂漆面层（2～3mm 厚，国网绿） 20mm 厚 1:2.5 水泥砂浆 素水泥浆结合层一道（内掺建筑胶） 现浇混凝土或预制板	配电房、通信间
水泥砂浆楼地面	20mm 厚 1:2.5 水泥砂浆 素水泥浆结合层一道（内掺建筑胶） 现浇混凝土或预制板	楼梯间
内墙：白色内墙涂料墙面	白色内墙涂料 腻子抹平批白 8mm 厚 1:2 水泥砂浆抹面 12mm 厚 1:3 水泥砂浆打底	配电房、通信间、楼梯间
顶棚：白色内墙涂料顶棚	白色内墙涂料 腻子抹平批白 现浇钢筋混凝土顶板，缺陷修补，表面清扫干净	配电房、通信间、卫生间、楼梯间
水泥踢脚	涂刷掺胶水泥浆（地面完成面上翻 120mm） 8mm 厚 1:2.5 水泥砂浆抹面 12mm 厚 1:3 水泥砂浆打底 刷素水泥浆一道	配电房、通信间、楼梯间
面砖墙裙	1.5m 高面砖饰面（详见装修图） 5mm 厚 1:2 建筑胶水泥砂浆粘结层 1.5mm 厚 JS 防水涂膜四周沿墙上翻 1.5m 8mm 厚 1:2.5 水泥砂浆抹面掺入 5% 防水剂 基层墙体	卫生间（1.5m 以上采用涂料饰面）
涂料外墙饰面（无保温）	涂刷米色外墙涂料 6mm 厚 1:2.5 水泥砂浆罩面，压光 14mm 厚 1:3 水泥砂浆打底及找平，二遍成活 提前洒水润湿，混凝土基层表面拉毛 基层清理干净	外墙

第三节　建筑总平面图

一、建筑总平面图的内容

建筑总平面图是在建筑基地（由城市规划管理部门批准的，由"用地界线"限定的建设用地）的地形图上，把已有的、新建的和拟建的建筑物、构筑物以及道路、绿化用地等按与地形图同样的比例绘制出来的平面图，主要表明新建建筑物的平面形状、朝向、层数、室内外地面标高，新建道路、绿化、场地排水和管线的布置情况，出入口示意、附属房屋和地下工程位置及功能，与道路红线及城市道路的关系，并标明原有建筑、道路、绿化用地等和新建建筑物的相互关系以及环境保护方面的要求。

建筑总平面图是整个建设区域由上向下按正投影的原理投影到水平投影面上得到的正投影图，是建筑物施工定位、土方施工以及绘制其他专业管线总平面图的依据。对于较为复杂的建筑总平面图，还可根据需要分项绘出竖向布置图、管线综合布置图、绿化布置图、交通流线图等。

总平面图一般包括的区域较大，因此应采用1:300、1:500、1:1000、1:2000等较小的比例绘制。由于比例较小，总平面图中的房屋、道路、绿化等内容无法按投影关系真实地反映出来，因此这些内容都用图例来表示。总平面图中常用图例表示方法参见表2-2，如在设计中需要用自定义图例，则应在图纸上画出补充图例并注明其名称。

建筑总平面图一般包括以下内容：

1）保留的地形和地物。

2）测量坐标网、坐标值。

3）场地范围的测量坐标（或定位尺寸），道路红线、建筑控制线、用地红线等的位置。

4）场地四邻原有及规划的道路、绿化带等的位置（主要坐标或定位尺寸），周边场地用地性质以及主要建筑物、构筑物、地下建筑物等的位置、名称、性质、层数。

5）建筑物、构筑物（人防工程、地下车库、油库、贮水池等隐蔽工程以虚线表示）的名称或编号、层数、定位（坐标或相互关系尺寸）。

6）广场、停车场、运动场地、道路、围墙、无障碍设施、排水沟、挡土墙、护坡等的定位（坐标或相互关系尺寸）。如有消防车道、消防扑救场地则须注明。

7）指北针或风玫瑰图。

8）建筑物、构筑物使用编号时，应列出《建筑物和构筑物名称编号表》。

9）注明尺寸单位、比例、建筑正负零的绝对标高、坐标及高程系统（如为场地建筑坐标网时，应注明与测量坐标网的相互关系）、补充图例等。

竖向布置图表示拟建房屋所在规划用地范围内场地各部位标高的设计图，一般包括以下内容：

1）场地测量坐标网、坐标值。

2）场地四邻的道路、水面、地面的关键性标高。

3）建筑物、构筑物名称或编号、室内外地面设计标高、地下建筑的顶板面标高及覆土高度限制。

4）广场、停车场、运动场地的设计标高，以及景观设计中，水景、地形、台地、院落的控制性标高。

5）道路、坡道、排水沟的起点、变坡点、转折点和终点的设计标高（路面中心和排水沟顶及沟底）、纵坡度、纵坡距、关键性坐标，道路标明双面坡或单面坡、立道牙或平道牙，必要时标明道路平曲线及竖曲线要素。

6）挡土墙、护坡或土坎顶部和底部的主要设计标高及护坡坡度。

7）用坡向箭头或等高线表示地面设计坡向，当对场地平整要求严格或地形起伏较大时，宜用设计等高线表示，地形复杂时应增加剖面表示设计地形。

8）指北针或风玫瑰图。

9）注明尺寸单位、比例、补充图例等。

二、建筑总平面图实例

下面以某住宅小区工程为例，说明识读建筑总平面图的步骤与要点（图2-2）。

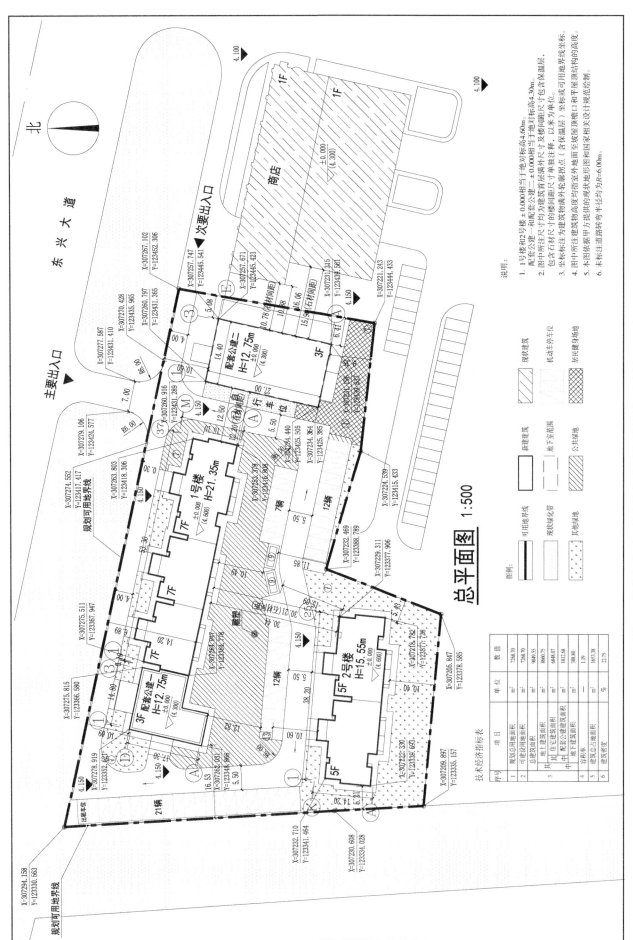

图2-2 某住宅小区工程建筑总平面图（局部）（比例1：500）

本建筑总平面图由以下几个部分组成：图名（含比例）、图样、文字说明、图例和技术经济指标。

1. 定位标高信息

建筑物、构筑物在平面图上的定位方式有两种，一种是依据城市的坐标系统标注建筑物平面特征点的 X 和 Y 方向坐标值（南北方向为 X 轴，东西方向为 Y 轴）。另一种是依据该地段上原有的永久性房屋或城市道路的中心线为基准定位，标注相互关系尺寸。本平面图采用第一种方式进行定位。

根据总平面图首先确定可用地范围，即建筑基地范围。位于用地范围边界的 7 个拐点（转折点）坐标已经给出。本项目新建建筑包括两栋住宅楼和两栋配套公建，其中 1 号楼与配套公建一平面上相连，2 号楼与配套公建二分别位于 1 号楼的南侧及东侧。四栋建筑合围部分布置有道路、公共绿地、机动车停车位等设施，2 号楼东、西、南三侧为绿化带环绕，配套公建二南侧布置居民健身场地。

通过总平面图读取的四栋建筑物的基本信息汇总列于表 2-6 中。各栋建筑物四个角点的 X、Y 坐标值汇总于表 2-7 中，作为建筑物定位放线的基准点。根据总图文字说明，建筑物角点坐标标注均为建筑物满外轮廓拐点（含保温层）坐标，图中所注尺寸均为建筑首层满外尺寸（含保温层）及楼间距尺寸，包含石材尺寸的楼间距尺寸单独做了注释，以米为单位。

表 2-6　新建建筑基本信息汇总　　　　　　　　　　　（单位：m）

建筑名称	建筑层数	建筑高度	总长度	总宽度	正负零绝对标高
1 号楼	7	21.35	53.3	15.1	4.600
2 号楼	5	15.55	38.2	14.2	4.600
公建一	3	12.75	17.3	14.8	4.300
公建二	3	12.75	27.0	14.4	4.300

表 2-7　新建建筑角点坐标

建筑名称	左上角		右上角		右下角		左下角	
	X	Y	X	Y	X	Y	X	Y
1 号楼	307275.511	123367.947	307274.552	123417.417	307253.379	123416.808	307264.947	123364.778
2 号楼	307232.710	123341.464	307229.311	123377.906	307218.782	123377.728	307222.330	123339.693
公建一	307278.919	123352.621	307275.815	123366.580	—	—	307262.031	123348.866
公建二	307260.916	123431.289	307257.747	123445.541	307231.196	123439.637	307234.364	123425.385

依据总平面图及表 2-7 中的数据，可以进行新建建筑的定位放线，各点坐标和标高可根据建设单位或相关部门提供的平面坐标及标高基准点引测确定。放线前需要识读建筑平面图，特别是首层平面图，若有地下室，还要识读地下室建筑平面图，以核对总图中提供的建筑物各角点坐标是否正确，核对无误后再进行定位放线。在本图中，没有给出公建一右下角的坐标值，需要在技术交底或图纸会审中向设计提出，请设计提供。此外，公建二设有地下室，虚线表示地下室的轮廓范围，地下室与上部建筑的四角坐标非常接近，不要混淆。

2. 周围环境信息

建设场地北侧与东兴大道相邻，中间被绿化带隔开；配套公建二东侧与既有一层商店相邻，最近距离约 10.78m，由于公建二设置地下室，施工前要调查商店的地基基础形式及埋深，制定本工程技术和安全施工措施，避免基坑开挖和主体施工对商店建筑安全和正常使用造成不利影响。场地其他方向与现有绿地及道路相连，对施工影响不大，但需做好防尘及防坠落预案。

3. 场内其他设施

建设场地范围内除新建建筑外，还设置了道路、机动车停车位、自行车车位、公共绿地、其他绿地、居民健身场地、雕塑等设施。虽然这些设施一般都是建筑物主体完成后施工，但是在前期施工时注意与后期建设综合考虑，比如临时道路、场地硬化施工与永久道路及机动车停车位建设做好统筹，减小重复工作量，降低施工费用。

4. 技术经济指标

总图中还列出了工程的部分技术经济指标，包括规划用地面积、可建设用地面积、总建筑面积（含地上与地下，住宅与配套公建）、容积率、建筑占地面积、建筑密度等指标。其中建筑面积指标对于施工单位投标报价具有参考价值，用地面积指标有助于施工单位进行现场安排布置。

本工程建设规模不太大，单体建筑数量不多，道路、绿化、硬化、园林等要求不是太高，所以施工单位依据总平面图就可以了解工程本身及周边环境的基本信息。对于规模较大、功能复杂的工程项目，除总平面图外，设计单位还需提供载明各类建设信息的总图。如某大型物流中心工程，其总图包括总平面图、竖向设计总图、交通流线总图、消防流线总图、道路做法总图等内容，施工前需要仔细识读。

第四节　建筑平面图

建筑平面图是建筑施工图的基本图样，它是假想用一水平的剖切面沿门窗洞位置将房屋剖切后，对剖切面以下部分所做的水平投影图，它反映了房屋的平面形状、大小和布置，墙、柱的位置、尺寸和材料，门窗的类型和位置等。

建筑平面图是建筑专业施工图中最重要、最基本的图纸，其他图纸多是以其为依据派生和深化而成。建筑平面图也是其他专业进行相关设计与制图的主要依据，其他专业设计要满足建筑平面图的要求，如墙柱尺寸、管道竖井、洞口、坑槽留设等。

对于多层建筑，一般应每层有一个单独的平面图。但一般建筑常常是中间几层平面布置完全相同，这时就可省掉几个平面图，只用一个平面图表示，这种平面图称为标准层平面图。

对平面面积较大的建筑物，为了能表示清楚，可分区绘制平面图，但需在每张平面图上绘制平面组合示意图，各区应用大写拉丁字母编号。在组合示意图中要提示的分区，采用阴影线或填充的方式表示。

一、建筑平面图的内容

建筑施工图中的平面图一般包括：底层平面图（表示第一层房间的布置、建筑入口、门厅及楼梯等）、标准层平面图（表示中间各层的布置）、顶层平面图（房屋最高层的平面布置图）以及屋顶平面图（即屋顶平面的水平投影，其比例尺一般比其他平画图小）。

建筑平面图的主要内容有：

（1）房间组成与定位信息

1）建筑物及其组成房间的名称或编号、尺寸、定位轴线和墙厚等；住宅平面图中标注各房间使用面积、阳台面积，车库的停车位、无障碍车位和通行路线。

2）承重墙、柱及其定位轴线和轴线编号，轴线总尺寸（或外包总尺寸）、轴线间尺寸（柱距、跨度）、门窗洞口尺寸、分段尺寸。

3）墙身厚度（包括承重墙和非承重墙），柱与壁柱截面尺寸（必要时）及其与轴线关系尺寸，当围护结构为幕墙时，标明幕墙与主体结构的定位关系及平面凹凸变化的轮廓尺寸；玻璃幕墙部分标注立面分格间距的中心尺寸。

4）室外地面标高、首层地面标高、各楼层标高、地下室各层标高。

（2）走廊、电梯、自动扶梯、自动步道及传送带（注明规格）、楼梯或爬梯位置，以及楼梯上下方向示意和编号索引。

（3）内外门窗位置、尺寸及编号，门的开启方向。门的代号是 M，窗的代号是 C。在代号后面写上编号，同一编号表示同一类型的门窗。如 M-1、C-1 等。

（4）主要结构和建筑构造部件的位置、尺寸和做法索引，如中庭、天窗、地沟、地坑、重要设备或设备基础的位置尺寸、各种平台、夹层、上人孔、阳台、雨篷、台阶、坡道、散水、明沟等。

（5）有关平面节点详图或详图索引号；主要建筑设备和固定家具的位置及相关做法索引，如卫生器具、雨水管、水池、台、橱、柜、隔断等。

（6）楼地面预留孔洞和通气管道、管线竖井、烟囱、垃圾道等位置、尺寸和做法索引，以及墙体（主要为填充墙，承重砌体墙）预留洞的位置、尺寸与标高或高度等。

（7）屋面平面应有女儿墙、檐口、天沟、坡度、坡向、雨水口、屋脊（分水线）、变形缝、楼梯间、水箱间、电梯机房、天窗及挡风板、屋面上人孔、检修梯、室外消防楼梯、出屋面管道井及其他构筑物，必要的详图索引号、标高等；表述内容单一的屋面可缩小比例绘制。

（8）首层平面标注剖切线位置、编号及指北针或风玫瑰。

（9）建筑平面较长较大时，可分区绘制，但须在各分区平面图适当位置上绘出分区组合示意图，并明显表示本分区部位编号。

（10）图纸的省略。如果是对称平面，对称部分的内部尺寸可省略，对称轴部位用对称符号表示，但轴线号不得省略；楼层平面除轴线间等主要尺寸及轴线编号外，与首层相同的尺寸可省略；楼层标准层可共用同一平面，但需注明层次范围及各层的标高。

（11）装配式建筑应在平面中用不同图例注明预制构件（如预制夹心外墙、预制墙体、预制楼梯、叠合阳台等）位置，并标注构件截面尺寸及其与轴线关系尺寸；预制构件大样图，为了控制尺寸及一体化装修相关的预埋点位。

（12）图纸名称、比例。

二、建筑平面图实例

下面以某单位配电房为例，说明建筑平面图的识读过程和要点。

本工程共两层，因此建筑平面图包括一层平面图、二层平面图和屋顶平面图。

1. 一层平面图

（1）平面位置和尺寸

一层平面图（图 2-3）比例为 1∶100；由指北针的方向看，配电房是朝南的房屋。本图外围尺寸线一般有三道，第一道是细部尺寸，如门窗洞口、墙垛宽度、室外空调机搁板宽度等；第二道是轴线尺寸，又叫定位尺寸；第三道是建筑物的总尺寸。由第三道尺寸线可知，本建筑纵向长度从外墙边到边为 16400mm，即 16.4m；横向房屋总宽度为 8200mm，即 8.2m。

（2）柱网和轴线布置

本工程为框架结构，其框架柱在平面图中用填黑的方形块表示。建筑物外围轴线与外墙中心线重合，如①轴、⑥轴、Ⓐ轴、Ⓑ轴，这 4 条轴线与框架柱中心有一定偏移量，具体偏移值需要查阅结构施工图确定；其他轴线与各框架柱的中心线位置重合，如②、③、④、⑤轴。标注在定位轴线上的第二道尺寸表示柱距。由图可知，①～②、②～③、③～④各轴线间距离均为 3300mm，④～⑤、⑤～⑥轴线间距离分别为 2740mm 和 3560mm；Ⓐ～Ⓑ轴线间距离为 8000mm。

（3）房间与隔墙布置

本工程一层在西北角设置一卫生间，其他部分都是配电房。卫生间平面尺寸为 2.0m×2.9m，周边砌筑 200mm 厚隔墙与配电房隔开，根据设计总说明可知，隔墙采用煤矸石空心砌块砌筑。

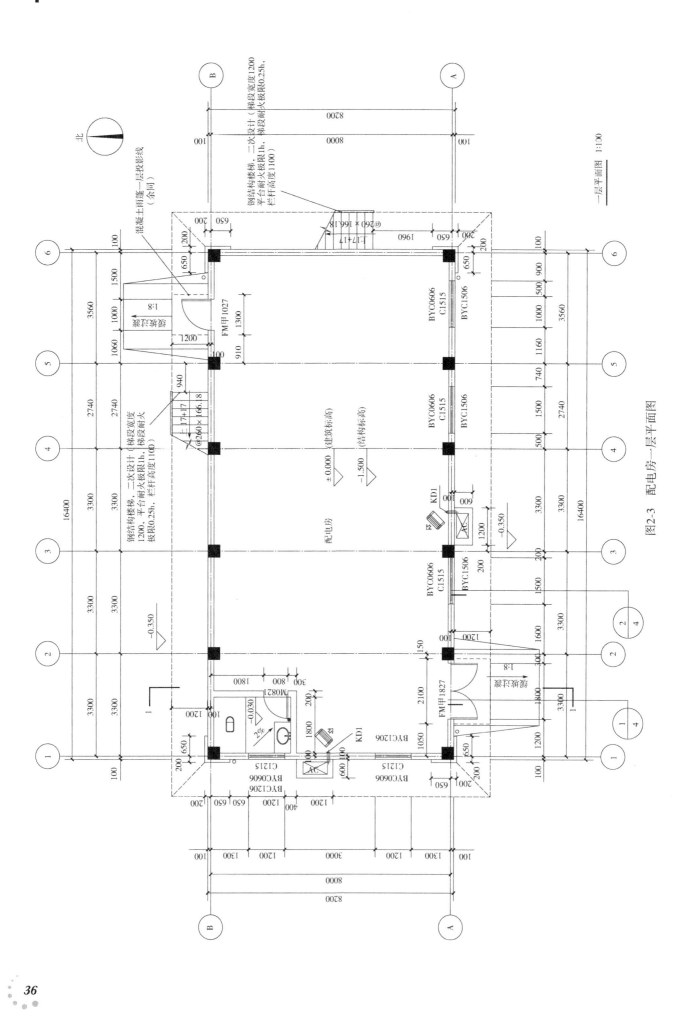

图2-3 配电房一层平面图

（4）室内外标高

在平面图中，除了平面尺寸，对于建筑物各组成部分，如楼地面、楼梯平台面、室外地坪面等，一般都应注明标高。这些标高均采用相对标高，并将建筑物首层地面的标高定为 ±0.000m。卫生间标高为 −0.030，表示卫生间地面比配电房低 0.03m，即 30mm；室外地坪标高为 −0.350，表示比配电室室内地面低 0.35m。需要特别注意的是，配电房结构标高比建筑标高低 1500mm，具体原因和施工做法需通过识读建筑剖面图及结构施工图确定。

（5）门窗布置

本工程门窗类型、编号、数量等参见建筑设计总说明中的门窗表（表 2-4），其中门窗设计编号由英文字符加四位数字组成。英文字符为门窗类型汉语拼音的首字母组合，如 FM 表示防火门，BYC 表示百叶窗；数字前两位表示门窗洞口宽度，后两位数字表示门窗洞口高度。如 1027 表示洞口宽度 1000mm，洞口高度 2700mm。各门窗洞口的设置高度需要参照立面图确定。

配电房首层在南北两侧各设一樘外开的大门，分别是北侧的 FM 甲 1027 双扇门和南侧的 FM 甲 1827 单扇门，由门窗表可知，FM 甲 1827 和 FM 甲 1027 均为钢制防火门，宽度分别为 1800mm 和 1000mm，高度均为 2700mm。

西侧山墙首层共设 6 个窗户，靠近Ⓑ轴线及Ⓐ轴线各 3 个，分别是 BYC1206、BYC0606 和 C1215，为保证安装正确，投影到平面同一位置的各个窗户的安装高度还需参照立面图确定。

（6）其他信息

配电房散水宽度 1200mm；在西山墙和南纵墙外侧各设置室外空调机搁板一个（加注 AC 部位），并需在外墙的对应位置留设安装空调的孔道 KD1。

首层平面图还给出了建筑剖面图的剖切位置。1—1 剖面的剖切位置在①、②轴线间，剖视方向向左，方便与剖面图对照查阅。

图中左下角④╱1、④╱2是详图索引符号，表示这两个位置的墙身详图应分别查阅编号为 4 的建筑施工图的第 1、第 2 种做法

2. 二层平面图

二层平面图（图 2-4）的图示内容和识图方法与首层平面图基本相同，以下仅列出主要不同之处。

（1）二层平面图中不必再绘制指北针、剖切符号及室外地面散水等；需绘出一层入口顶部雨篷轮廓。

（2）二层不再设置卫生间，在⑤到⑥轴间增加通信间。

（3）门窗规格、位置、数量与一层不同，具体可参照门窗表及相关立面图确定。

（4）通过两部室外钢结构楼梯可到达二楼，北侧为直跑楼梯，东侧为双跑楼梯；图中已注明楼梯的踏步数量、尺寸、休息平台标高等信息；钢结构楼梯需要进行二次深化设计，图中列出了相关设计要求。

（5）配电房仍设两个入口，位置与一层不同，西北角入口与北侧楼梯相连；东南角入口与东侧楼梯相连。

（6）本层建筑标高 5.300m，结构标高 4.500m，相差 800mm。具体原因和施工做法需通过识读建筑剖面图及结构施工图等图样确定。

3. 屋顶平面图

屋顶平面图（图 2-5）主要说明屋顶上建筑构造的平面布置，具体内容包括排烟气道、通风通气孔道的位置，屋面上人孔、女儿墙位置，平屋顶要标写出流水坡向、坡度大小、水落管及集水口位置，有的还有前后檐的雨水排水天沟等。不同房屋的屋顶平面图是不相同的，由于屋顶形状、雨水排水方式（内落水或外落水）不同，平面布置也不一样。这些都要在看图过程中根据图示的具体内容来了解。

拿到屋顶平面图后，先看它外围有无女儿墙或天沟，再看流水坡向，雨水出口及型号，再看出入孔

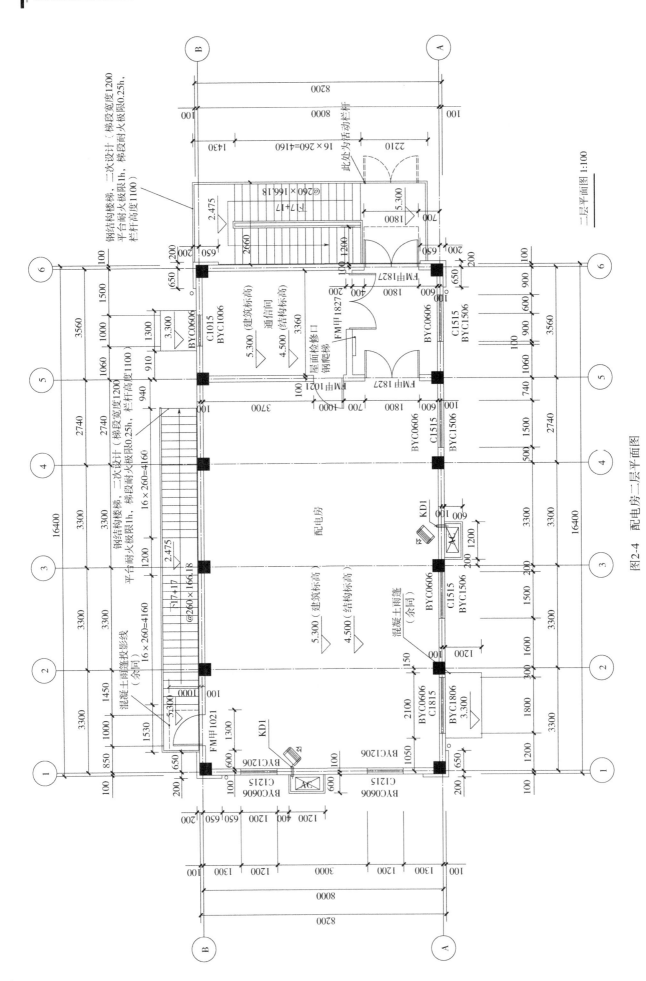

图2-4 配电房二层平面图

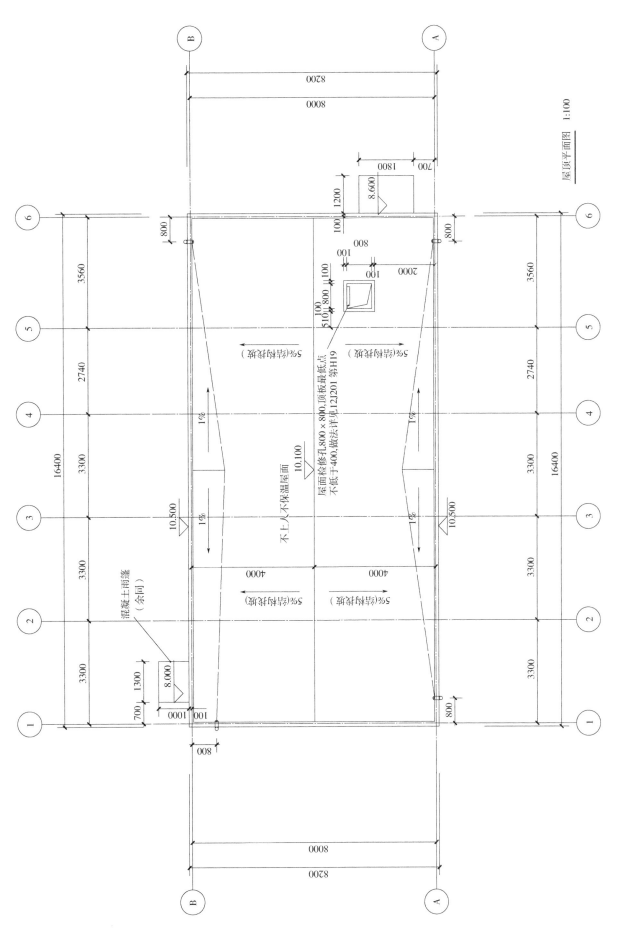

图2-5 配电房屋顶平面图

位置，如附墙的铁爬梯的位置及型号，或上人孔的位置和构造做法。屋顶平面图基本上就是这些内容，比较简单。

本屋顶平面图的绘图比例为 1:100，屋面为不上人、不保温屋面。可以看出这是设置女儿墙的长方形屋顶，女儿墙顶标高 10.500m。正中是一条屋脊线，屋脊线标高 10.100m，屋顶南北方向设置一个双向坡，结构找坡，坡度 5%。东西方向设置 2 处向雨水管位置排水的双向坡，坡度 1%，在女儿墙下有四个雨水口，布置在靠近房屋四个大角的部位。

屋顶设屋面检修孔一处，位于⑤~⑥轴线之间，根据详图索引说明，其工程做法参照建筑标准设计图集 12J201《平屋面建筑构造》，做法所在页码为 H19，图集内容如图 2-6 所示，应参照该图做法施工，具体识读顺序是：屋面检修孔平面→1—1 剖面→详图①→详图ⓐ→详图②。通过识读这一页的图集，可以充分理解详图索引的表示方法和作用。

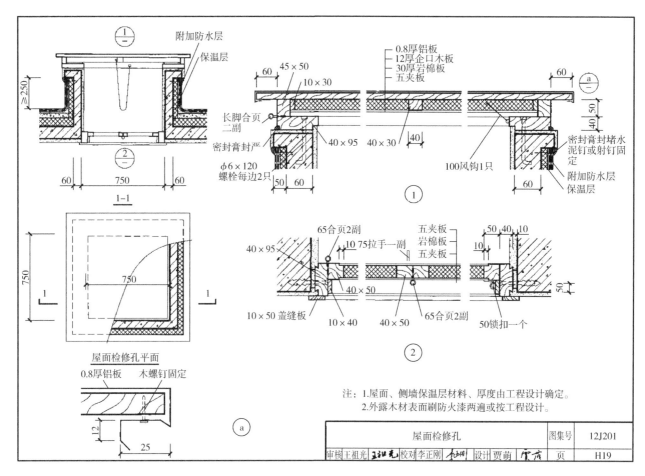

图 2-6　12J201 图集　做法 H19

从本工程屋顶平面图还可以看到，在二楼两个大门入口上方各设置钢筋混凝土雨篷一处，两个雨篷的平面尺寸和标高均不相同。

第五节　建筑立面图与剖面图

一、建筑立面图的内容

建筑立面图，是平行于建筑物各方向外墙面的正投影图，简称（某向）立面图。建筑立面图是用来表示建筑物的体型和外貌，并表明外墙面装饰要求等内容的图样。

房屋有多个立面，通常把房屋的主要出入口或反映房屋外貌主要特征的立面图称为正立面图，从而确定背立面图和左、右侧立面图。有时也可按各面的朝向来定立面图的名称，如南立面图、北立面图、东立面图和西立面图；或者根据两端的轴线编号来定立面图的名称，如①~⑥立面图和⑥~①立面图等。

当某些房屋的平面形状比较复杂时，还需加画其他方向或其他部位的立面图。按投影原理，立面图上应将立面上所有看得见的细部都表示出来。但由于立面图的比例小，如门窗扇、檐口构造、阳台栏杆和墙面复杂的装修等细部，往往只用图例表示。它们的构造和做法，都另有详图或文字说明。因此，习惯上往往对这些细部只分别画出一两个作为代表，其他都可简化，只需画出它们的轮廓线。若房屋左右对称时，正立面图和背立面图也可各画一半，单独布置或合并成一图。合并时，应在图的中间画一铅直的对称符号作为分界线。

房屋立面如果有一部分不平行于投影面，例如成圆弧形、折线形、曲线形等，可将该部分展开到与投影面平行，再用正投影法画出其立面图，但应在图名后注写"展开"两字。

建筑立面图的主要内容有：

1）两端轴线编号，立面转折较复杂时可用展开立面表示，但应准确注明转角处的轴线编号。

2）立面外轮廓及主要结构和建筑构造部件的位置，如女儿墙顶、檐口、柱、变形缝、室外楼梯和垂直爬梯、室外空调机搁板、外遮阳构件、阳台、栏杆、台阶、坡道、花台、雨篷、烟囱、勒脚、门窗（消防救援窗）、幕墙、洞口、门头、雨水管，以及其他装饰构件、线脚和粉刷分格线等，当为预制构件或成品部件时，按照建筑制图标准规定的不同图例示意，装配式建筑立面应反映出预制构件的分块拼缝，包括拼缝分布位置及宽度等。

3）建筑的总高度、楼层位置辅助线、楼层数、楼层层高和标高以及关键控制标高的标注，如女儿墙或檐口标高等；外墙的留洞应注尺寸与标高或高度尺寸（宽×高×深及定位关系尺寸）。

4）平、剖面未能表示出来的屋顶、檐口、女儿墙、窗台以及其他装饰构件、线脚等的标高或尺寸。

5）在平面图上表达不清的窗编号。

6）各部分装饰用料、色彩的名称或代号。

7）剖面图上无法表达的构造节点详图索引。

8）图纸名称、比例。

9）各个方向的立面应绘齐全，但差异小、左右对称的立面可简略；内部院落或看不到的局部立面，可在相关剖面图上表示，若剖面图未能表示完全时，则需单独绘出。

二、建筑立面图实例

下面仍以某单位配电房为例，说明建筑立面图的识读过程和要点。本工程立面图如图2-7所示，识读步骤如下：

本工程的四个立面图是按照两端轴线编号命名的，绘图比例均为1:100。下面以①~⑥轴立面图为例进行说明。从左右两侧的尺寸、标高标注可以看出，配电房室外地坪标高为-0.350m，一层塑钢窗C1515的底标高为1.450m，二层塑钢窗C1515、C1815的底标高为6.400m；还可以看到在一层平面图、二层平面图中，布置在同一楼层、在平面图上投影位置重合的三个窗户（两个百叶窗、一个塑钢窗）沿竖向排布的相对位置关系，在与门窗表及附图核对无误后，就可以预留洞口和安装这些窗户了。

从立面图中我们还可以看到室外空调机搁板底面与顶面的标高，搁板三个侧面都采用百叶窗遮挡，但具体做法在图中未见说明，需要在图纸会审或技术交底时提出，请设计单位进行说明。在这里需要说明一下，由于室外空调机搁板属于悬挑受力构件，其具体位置还要与结构施工图有关内容进行核对，以保持一致。

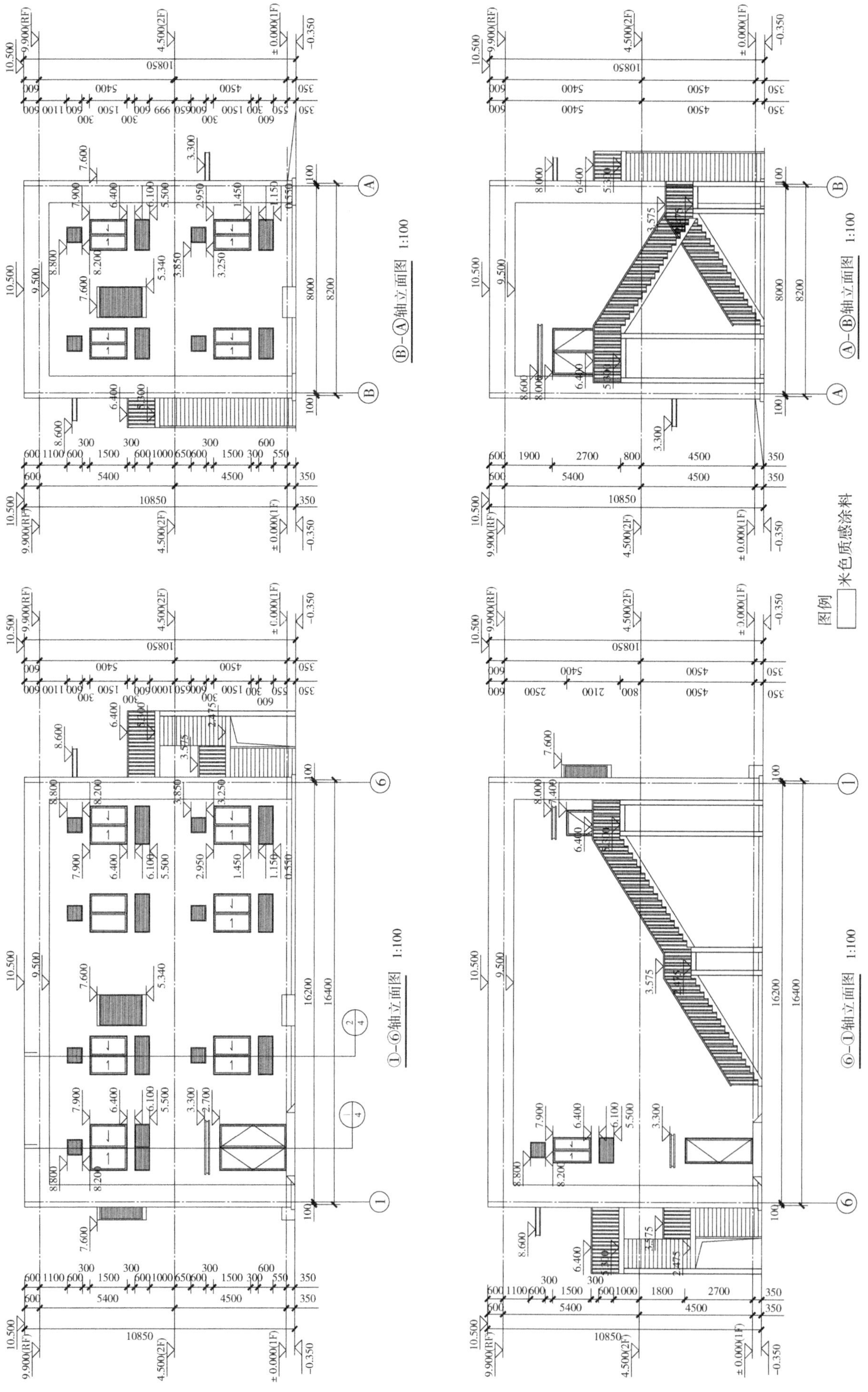

图2-7 配电房立面图

在本立面图中，还可以看到⑥轴外侧贴山墙设置的双跑钢结构楼梯的轮廓与标高信息，结合二层平面图中的踏步、平台、栏杆信息，就可以进行深化设计和加工制作了。

其他三个面的立面图亦表达了与①～⑥轴立面图相似的信息，此处不再赘述。

平面图主要表达了建筑物各组成部分的平面位置，而立面图则进一步表述了建筑物的各个组成部分的标高信息。至此，配电房三维外轮廓模型已经在我们脑海中建立起来了，下面借助于建筑剖面图，可以进一步搞清建筑物内部各部位的构造和相互位置关系。

三、建筑剖面图的内容

假想用一个或多个垂直于外墙轴线的铅垂剖切面，将房屋剖开，所得的投影图，就称为建筑剖面图，简称剖面图。剖面图用以表示房屋内部的结构或构造形式、分层情况和各部位的联系、材料及其高度等，是与平、立面图相互配合、不可缺少的重要图样之一。

剖面图的数量是根据房屋的具体情况和施工实际需要而决定的。剖切面一般为横向，即平行于侧面，必要时也可以纵向，即平行于正面。剖视位置应选在层高不同、层数不同、内外部空间比较复杂、具有代表性的部位；建筑空间局部不同处以及平面、立面均表达不清的部位，可绘制局部剖面。剖面图的图名应与平面图上所标注剖切符号的编号一致，如1—1剖面图、2—2剖面图等。

建筑剖面图的主要内容包括：

1）墙、柱、轴线和轴线编号。

2）剖切到或可见的主要结构和建筑构造部件，如室外地面、底层地（楼）面、地坑、地沟、各层楼板、夹层、平台、吊顶、屋架、屋顶、出屋顶烟囱、天窗、挡风板、檐口、女儿墙、幕墙、爬梯、门、窗、外遮阳构件、楼梯、台阶、坡道、散水、平台、阳台、雨篷、洞口及其他装修等可见的内容。

3）高度尺寸。

外部尺寸：门、窗、洞口高度、层间高度、室内外高差、女儿墙高度、阳台栏杆高度、总高度。

内部尺寸：地坑（沟）深度、隔断、内窗、洞口、平台、吊顶等。

4）标高。

主要结构和建筑构造部件的标高，如室内地面、楼面（含地下室）、平台、雨篷、吊顶、屋面板、屋面檐口、女儿墙顶、高出屋面的建筑物、构筑物及其他屋面特殊构件等的标高，室外地面标高。

5）节点构造详图索引号。

6）图纸名称、比例。

四、建筑剖面图实例

图2-8为配电房剖面图。1—1剖面的剖切位置标示在一层平面图（图2-3）上，介于①轴和②轴之间，剖视方向从右向左。识读剖面图要与识读平、立面图结合起来，并重点关注建筑物内部的构造和相互位置间的关系。

剖面图比例为1：100，我们可以看到屋顶的构造，由于不设保温层，无法通过保温层来找坡，因此5%的坡度是通过结构找坡实现的，也就是结构楼板做成5%的排水坡度。还可以看到屋脊线标高是10.100m，女儿墙顶标高是10.500m。

图中黑色底纹部分表示所剖切部位为钢筋混凝土结构，包括一层电缆沟底板与侧壁、一层楼盖、屋盖、女儿墙及门窗洞口上部过梁等。不同受力构件的标高、几何尺寸、混凝土强度等级、配筋等信息需要根据结构施工图确定。

在剖面图中，我们可以看到西山墙上的百叶窗、塑钢窗，还有一层卫生间的门。

由于是配电室，在一层地面以下、二层楼面和结构楼板之间均设置了电缆沟。从剖面图可以清楚地

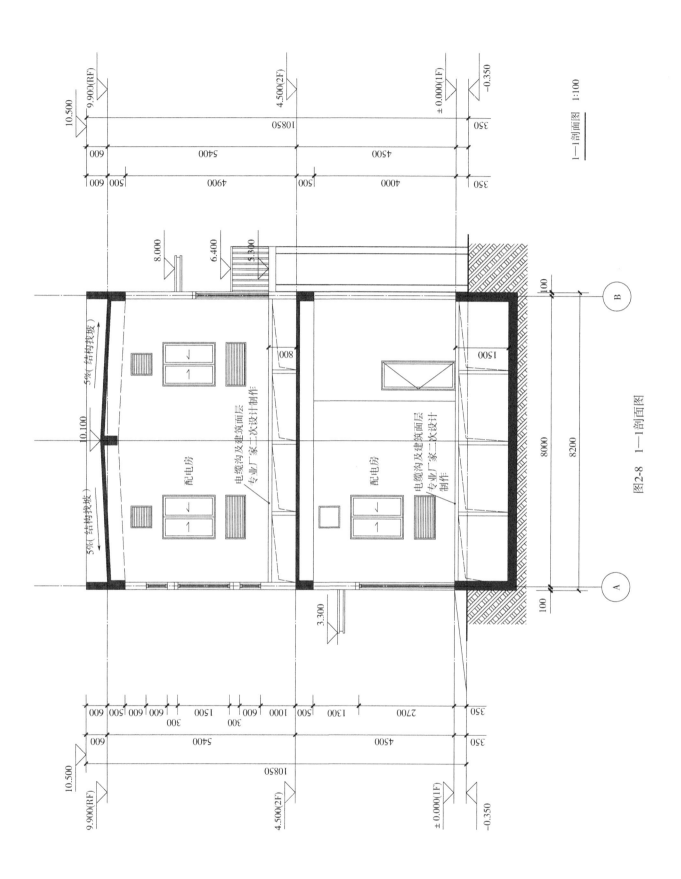

图2-8 1—1剖面图

看到一层、二层电缆沟的高度分别为1500mm和800mm。这也解释了在一层平面图中，为什么室内地面建筑标高为±0.000，而结构标高为-1.500。相差的1500mm正是电缆沟的高度；同样道理，二层楼面建筑标高为5.300，而结构标高为4.500，相差800mm。图中还注明电缆沟是由专业公司二次设计制作安装的，而不是随着主体结构一起施工的。

第六节　建筑详图

一、建筑详图的内容

建筑详图，亦称大样图，是建筑细部的施工图。因为平、立、剖面图的比例较小，房屋上许多细部构造无法表示清楚。根据施工需要，必须另外绘制比例较大的图样才能表达清楚。所以建筑详图是建筑平、立、剖面图的补充。凡选用标准图或通用图的节点和建筑构配件，只需注明图集代号和页次，不必再画详图。

建筑详图的特点是比例大（常用比例为1:50、1:20、1:10、1:5、1:2、1:1等）、尺寸标注齐全、准确以及文字说明清楚。

建筑详图包括表示局部构造的详图，如外墙详图、楼梯详图、阳台详图等；表示房屋设备的详图，如卫生间、厨房、实验室内设备的位置及构造等；表示房屋特殊装修部位的详图，如吊顶、花饰等。建筑详图一般包括以下内容：

1）内外墙、屋面等节点，绘出不同构造层次，表达节能设计内容，标注各材料名称及具体技术要求，注明细部和厚度尺寸等。

2）楼梯、电梯、厨房、卫生间、阳台、管沟、设备基础等局部平面放大和构造详图，注明相关的轴线和轴线编号以及细部尺寸，设施的布置和定位、相互的构造关系及具体技术要求等，应提供预制外墙构件之间拼缝防水和保温的构造做法。

3）其他需要表示的建筑部位及构配件详图。

4）室内外装饰方面的构造、线脚、图案等；标注材料及细部尺寸、与主体结构的连接等。

5）门、窗、幕墙绘制立面图，标注洞口和分格尺寸，对开启位置、面积大小和开启方式，用料材质、颜色等做出规定和标注。

6）对另行专项委托的幕墙工程、金属、玻璃、膜结构等特殊屋面工程和特殊门窗等，应标注构件定位和建筑控制的实际尺寸。

二、建筑详图实例

以某单位配电房为例，在一层平面图（图2-3）中，在轴线①～②之间大门的位置和②～③之间窗户的位置分别加注了详图索引符号$\frac{1}{4}$和$\frac{2}{4}$，现在我们来看一下编号为4的建筑施工图（简称建施4）中详图①和详图②的具体内容，如图2-9所示。

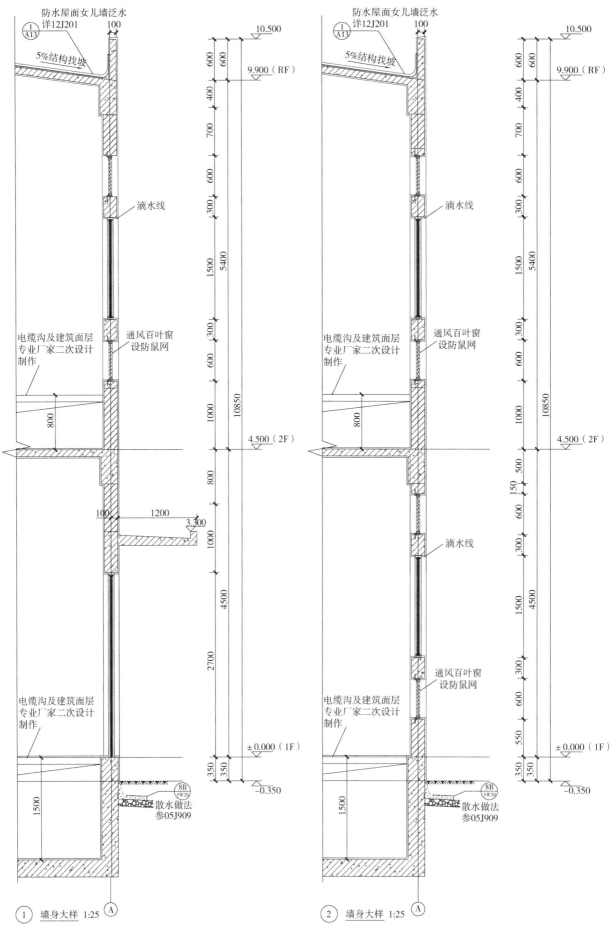

图 2-9　①号、②号详图（引自建施4　墙身大样图）

①号、②号详图均为墙身大样图，比例为 1:25。

女儿墙的厚度为 100mm，女儿墙压顶高度为 10.500m。

根据详图索引符号（图 2-10），防水屋面女儿墙泛水做法参照建筑标准设计图集 12J201 中 A13 页第 1 种做法，即如图 2-11 所示。

从图 2-9 可以看到，大门顶部设雨篷，雨篷外挑长度 1200mm；窗口上缘需设滴水线；通风百叶窗设防鼠网。

根据图 2-9 中散水部位的详图索引符号，室外散水做法应参照建筑标准设计图集 05J909、页码 SW20、编号为 8B 的做法施工。图集相关内容如图 2-12 所示。

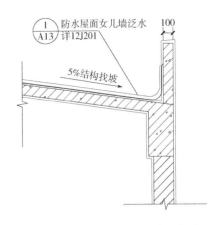

图 2-10 女儿墙泛水做法详图索引

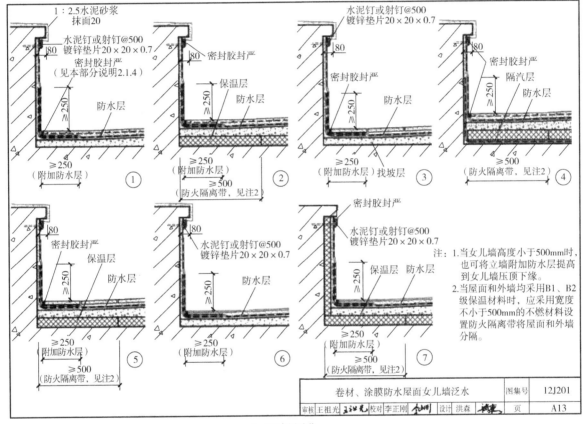

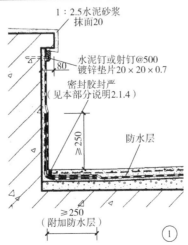

图 2-11 女儿墙泛水做法（摘自 12J201《平屋面建筑构造》）

类别	名称	编号	厚度	简图	构造做法		附注
					A	B	
散	铺花岗石散水	散7A 散7B 1.光面 2.毛面	260	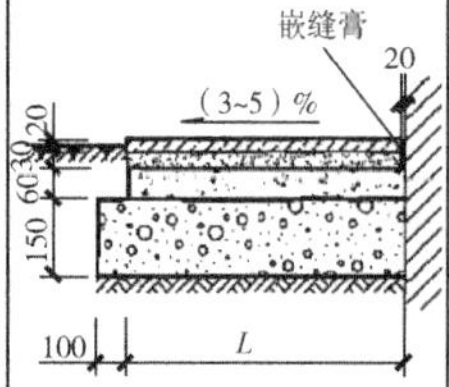	1.20厚花岗岩板铺面，正、背面及四周边满涂防腐剂，水泥浆灌缝 2.撒素水泥面（洒适量清水） 3.30厚1:3干硬性水泥砂浆粘结层 4.素水泥浆一道（内掺建筑胶） 5.60厚C15混凝土		1.散水宽度L由设计人定，并在施工图中注明。 2.建筑胶品种由设计人定。 3.设计人应在施工图中注明石材的品种、规格、颜色、表面质感。 4.散8防潮层适用于无地下室建筑，防潮层的材料应在施工图中注明。有地下室建筑的防水层同地下防水设计。 5.阻根层应根据植物情况适当设置。
					6.150厚5~32卵石灌M2.5混合砂浆，宽出面层100	6.150厚3:7灰土，宽出面层100	
					7.素土夯实，向外坡3%~5%		
水	种植散水	散8A 散8B	210		1.250~300厚回填土（回填土接触的墙体做外墙防潮层及保护层）		
					2.60厚C20混凝土面层，撒1:1水泥砂子压实抹光		
					3.150厚5~32卵石灌M2.5混合砂浆，宽出面层100	3.150厚3:7灰土，宽出面层100	
					4.素土夯实，向外坡3%~5%		

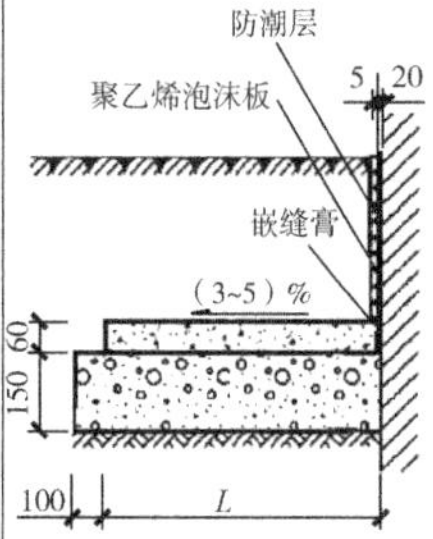

图 2-12 SW20-8B 构造做法（摘自 05J909《工程做法》）

图集显示，编号8B的做法为种植散水，自上而下构造做法如下（单位均为 mm）：

1）250~300 厚回填土（回填土接触的墙体做外墙防潮层及保护层）。

2）60 厚 C20 混凝土面层，撒 1:1 水泥砂子压实抹光。

3）150 厚 3:7 灰土，宽出面层 100mm。

4）素土夯实，向外坡 3%~5%。

在建筑工程设计中，越来越多的设计内容开始采用标准设计图集的做法，这些引用的标准做法也是施工图的组成部分。一项完整的工程设计不仅包括设计图纸，还包括所引用的标准设计的内容；进一步扩展，还包括施工中应该遵循的现行国家标准。这一点希望读者通过工程实践不断体会和领悟。

第三章　如何识读结构施工图

第一节　结构施工图概述

上一章介绍的建筑施工图是基于建筑物的使用功能及美观、防火、节能等特性进行设计的成果，从中读者可以了解建筑的外形、内部平面、立面布置、细部构造和内部装修等内容。而结构施工图则主要基于建筑物的安全考虑，用以构筑建筑物的骨架，从中读者可以了解建筑物的基础、柱、墙、梁和板等承重构件的布置、材料、形状尺寸和构造要求等内容。

结构施工图关系着建筑物的安全，是建筑物地基基础和主体结构施工的依据。本章主要介绍结构施工图的识读方法和技巧，并结合实际工程施工图进行讲解和说明。

一、结构施工图与建筑施工图的关系

虽然建筑施工图和结构施工图从形式上是独立的，但描述的却是同一建筑物的不同功能特性或不同组成部分，只有把二者所表现的内容进行组合和叠加，才能建造出功能齐备、美观实用、坚固耐久的建筑物。换言之，只有把建筑施工图和结构施工图结合起来识读，把二者包含的内容有机融合在一起，才能构成相对完整的土建工程建造信息，正确地组织土建工程施工。

建筑施工图和结构施工图是从不同角度对同一建筑物进行的描述，因此二者有诸多相同或有关联之处，具体表现在以下三个方面。

（1）结构施工图和建筑施工图相同的地方，像轴线位置、编号都相同；柱网、墙体平面布置相同；过梁位置与门窗洞口位置应相符合等。如果出现应该符合而不符合的情况，也就是建筑施工图和结构施工图有了冲突，有了问题，那么在看图时应记下来，留在设计交底和会审图纸时提出，或及时与设计人员联系以便得到解决，以保证各专业图纸的一致符合性。

（2）结构施工图和建筑施工图相关联的地方，必须同时看两种图。如结构施工图中梁、板、柱、墙等的布置是否与建筑施工图一致，是否能满足建筑施工图的空间利用要求；建筑标高与结构标高的差值是否与地面、楼面、屋面的工程做法相符；还有楼梯的结构施工图往往与建筑施工图结合在一起绘制。

（3）施工过程具有穿插性。虽然建筑施工图和结构施工图是由不同专业分别设计完成的，专业划分很清楚。但是到了施工阶段，完成建筑施工图或结构施工图内容的施工过程却不是完全割裂，而是穿插和交替进行的。如基础底板和地下室外墙施工过程中，要完成防水层的作业；主体施工阶段，剪力墙施工或砌体工程施工中，要进行门窗洞口的预留，并为玻璃幕墙等工程的施工提前埋设预埋件等。

当然，结构施工图和建筑施工图作用不一样，因此二者的不同或互补之处更多，更普遍，具体表现在以下几个方面：

（1）先有建筑施工图，后有结构施工图。

建筑施工图是为了实现建筑物一定的使用功能，考虑适用、美观、节能、环保等要求而编制的设计文件，主要说明建筑物的规模、造型、尺寸、细部构造等内容；结构施工图则是根据建筑施工图，通过结构选型、荷载统计和设计计算而编制的设计文件，主要说明主要结构承重构件（如基础、楼板、梁、

柱、承重墙、楼梯等）以及附属受力构件（如挑檐、雨篷、女儿墙等）的空间位置、材料种类、截面尺寸和配筋要求等。

（2）建筑标高与结构标高不同。建筑标高是包括表面的楼地面装饰或屋面保温防水层做法的，而结构标高是结构楼板上表面的标高，因此建筑标高与结构标高一般是不一样的。在结构施工图中的结构层楼面标高是指将建筑施工图中的各层地面和楼面标高值扣除建筑面层及垫层做法厚度后的标高。

（3）其他不同。如承重的钢筋混凝土剪力墙在结构平面图上进行表达和注写，非承重的填充墙、隔断墙则在建筑施工图上才有。同样是墙，作用不同，其材料、构造要求和施工方法也不相同。再如，除了清水墙和清水混凝土，结构构件表面需要根据建筑施工图要求进行保护或装饰。

总之，建筑施工图和结构施工图既相互关联，又互为补充。只有通过多看图纸，不断积累经验，才能掌握看图的技巧，知道所需的施工信息应在哪个专业的哪些图纸上看到，能通过图纸目录很快找到相应的图纸，并获取相应的设计信息，才能对建筑物有一个全面的了解，在头脑中对建筑物实施"第一次构建"或"虚拟构建"。

二、结构施工图常用代号、图例与符号

1. 常用构件的表示方法

在结构施工图中，为了方便标注和识读，构件的名称一般用代号表示，代号后一般用阿拉伯数字标注该构件的型号、编号或者构件的顺序号，常用构件代号见表3-1，具体应用参见后续各章节内容。

表3-1　建筑结构常用构件代号

序号	名称	代号	序号	名称	代号	序号	名称	代号
1	柱	Z	22	连梁 （集中对角斜筋配筋）	LL（DX）	43	基础梁	JL
2	框架柱	KZ	23	剪力墙连梁 （跨高比不小于5）	LLK 或 KL	44	坡形独立基础	DJ$_P$
3	转换柱	ZHZ	24	剪力墙暗梁	AL	45	阶形杯口基础	BJ$_J$
4	芯柱	XZ	25	剪力墙边框梁	BKL	46	坡形杯口基础	BJ$_P$
5	梁上柱	LZ	26	圈梁	QL	47	坡形基础底板	TJB$_P$
6	剪力墙上柱	QZ	27	板	B	48	阶形基础底板	TJB$_J$
7	约束边缘构件	YBZ	28	楼面板	LB	49	基础主梁（柱下）	JL
8	构造边缘构件	GBZ	29	屋面板	WB	50	基础次梁	JCL
9	非边缘暗柱	AZ	30	悬挑板	XB	51	柱下板带	ZXB
10	构造柱	GZ	31	柱上板带	ZSB	52	跨中板带	KZB
11	芯柱	XZ	32	跨中板带	KZB	53	桩	ZH
12	梁，非框架梁	L	33	梯	T	54	灌注桩	GZH
13	楼层框架梁	KL	34	楼梯板	TB	55	扩底灌注桩	GZH$_g$
14	楼层框架扁梁	KBL	35	楼梯梁	TL	56	阶形独立承台	CT$_J$
15	屋面框架梁	WKL	36	楼梯柱	TZ	57	坡形独立承台	CT$_P$
16	框支梁	KZL	37	平台梁	PTL	58	承台梁	CTL
17	托柱转换梁	TZL	38	平台板	PTB	59	基础联系梁	JLL
18	悬挑梁	XL	39	阳台	YT	60	后浇带	HJD
19	井字梁	JZL	40	雨篷	YP	61	上柱墩	SZD
20	连梁（对角暗撑配筋）	LL（JC）	41	基础	J	62	下柱墩	XZD
21	连梁（交叉斜筋配筋）	LL（JX）	42	阶形独立基础	DJ$_J$	63	基坑（沟）	JK

2. 钢筋的表示方法

在结构施工图中，为了方便识读，并且简化绘图和文字说明，习惯将钢筋的有关信息通过图例来表示，表3-2是有关结构施工图中钢筋、预应力钢筋的常用图例与表示方法。

表3-2　钢筋、预应力钢筋常用图例与表示方法

序号	名称	图例	说明
1	钢筋横断面	●	
2	无弯钩的钢筋端部	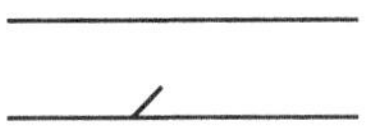	下图表示长、短钢筋投影重叠时，短钢筋的端部用45°斜画线表示
3	带180°弯钩的钢筋端部		
4	带直钩的钢筋端部		
5	带丝扣的钢筋端部		
6	无弯钩的钢筋搭接		
7	带半圆弯钩的钢筋搭接		
8	带直钩的钢筋搭接		
9	花篮螺丝钢筋接头	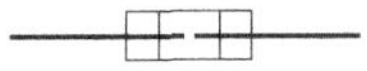	
10	机械连接的钢筋接头		用文字说明机械连接的方式（如冷挤压或直螺纹等）
11	预应力钢筋或钢绞线		
12	后张法预应力钢筋断面 无粘结预应力钢筋断面	 ⊕	
13	预应力钢筋断面	+	
14	预应力张拉端锚具		
15	预应力固定端锚具		
16	预应力锚具的端视图		
17	预应力钢筋可动连接件	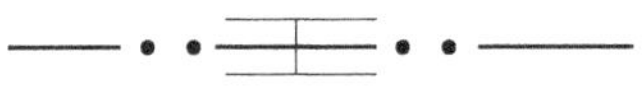	
18	预应力钢筋固定连接件	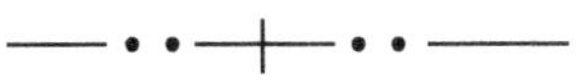	
19	一片钢筋网平面图	 W-1	

（续）

序号	名称	图例	说明
20	一行相同的钢筋网平面图	 3W-1	
21	板钢筋布置表示方式	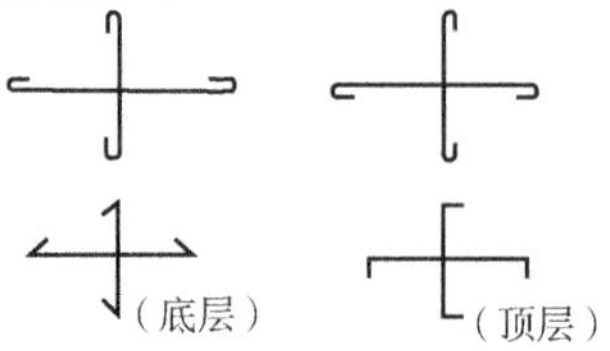 （底层） （顶层）	在结构楼板中配置双层钢筋时，底层钢筋的弯钩应向上或向左，顶层钢筋的弯钩则向下或向右
22	墙钢筋布置表示方式	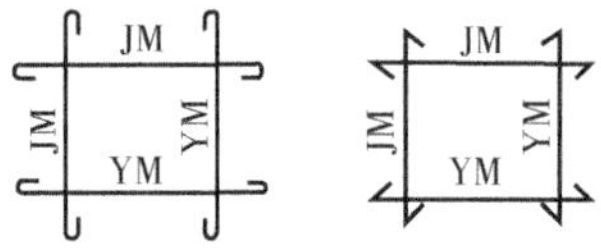 JM JM YM YM JM JM YM YM	钢筋混凝土墙体配双层钢筋时，在配筋立面图中，远面钢筋的弯钩应向上或向左，而近面钢筋的弯钩向下或向右（JM 近面，YM 远面）
23	钢筋大样图	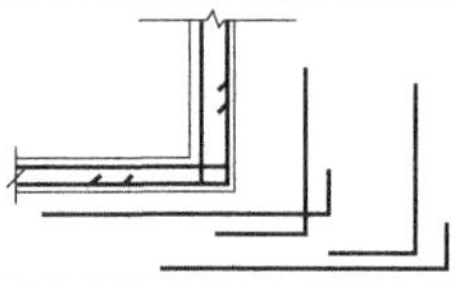	若在断面图中不能表达清楚的钢筋布置，应在断面图外增加钢筋大样图（如：钢筋混凝土墙、楼梯等）
24	箍筋大样与说明	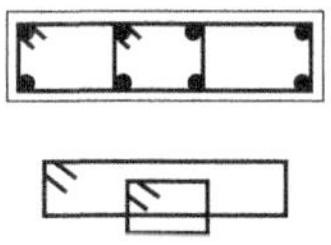	图中所表示的箍筋、环筋等若布置复杂时，可加画钢筋大样及说明
25	一组相同钢筋的表示方法	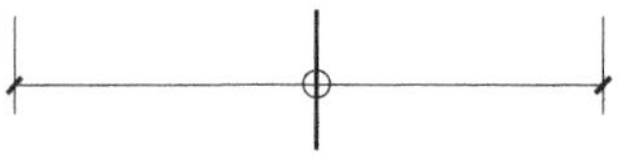	每组相同的钢筋、箍筋或环筋，可用一根粗实线表示，同时用一两端带斜短画线的横穿细线，表示其钢筋及起止范围

3. 常用符号

ϕ——HPB300 钢筋；

Φ——HRB400 钢筋；

Φ——HRB500 钢筋；

l_{ab}——受拉钢筋基本锚固长度；

l_{abE}——抗震设计时受拉钢筋基本锚固长度；

l_a——受拉钢筋锚固长度；

l_{aE}——受拉钢筋抗震锚固长度；

l_l——纵向受拉钢筋搭接长度；

l_{lE}——纵向受拉钢筋抗震搭接长度；

h_b (h) ——梁截面高度；

h_0——梁截面有效高度；

h_w——梁的腹板高度；

l_n——梁的净跨长度，左跨 l_{ni} 和右跨 l_{ni+1} 之较大值；

h_c——柱截面长边尺寸（圆柱为直径）；柱截面沿框架方向的高度；

H_n——所在楼层的柱净高。

三、结构施工图的组成

结构施工图作为建筑结构施工的主要依据，为了保证建筑物的安全，其上应注明各种承重构件（如基础、墙、柱、梁、楼板、楼梯等）的空间定位（包括平面布置、标高）、材料性能、形状尺寸、详细设计与构造要求。

结构施工图的组成一般包括结构施工图纸目录、结构设计总说明、基础施工图、结构平面图和结构详图。其中结构施工图纸目录可以使我们了解图纸的内容和排列顺序，核对图纸的完整性，便于我们快速查找到需要的图纸。如表3-3为某小学附属用房结构施工图目录，内容包括工程的基本信息、图纸编号、图纸名称、图纸规格和页数等，方便查询使用。

表 3-3　某小学附属用房工程结构施工图目录素

工程编号	19058	工程名称				＊＊小学附属用房		
专业名称	结构	设计阶段	施工图	结构类别	框架结构	完成日期	2019 年 09 月	
序号	图纸编号		图纸名称			图纸规格	页数	备注
1			封皮			A4	1	
2			图纸目录			A2	1	
3	结施-1		结构总说明（一）			A2 + 1/2	1	
4	结施-2		结构总说明（二）			A2 + 1/2	1	
5	结施-3		基础平面图			A2 + 1/4	1	
6	结施-4		基础梁配筋图			A2	1	
7	结施-5		基础顶至基础梁顶柱配筋图			A2	1	
8	结施-6		一层柱配筋图			A2	1	
9	结施-7		二层柱配筋图			A2	1	
10	结施-8		一层顶梁配筋图			A2	1	
11	结施-9		二层顶梁配筋图			A2	1	
12	结施-10		一层顶板配筋图			A2	1	
13	结施-11		二层顶板配筋图			A2	1	
14	结施-12		楼梯一配筋图			A2	1	
15	结施-13		楼梯二配筋图			A2	1	

四、结构施工图识图步骤

1. 明确识读图纸的重点

由于职责不同，不同岗位的施工人员识读图纸的目的和侧重点不尽相同。如对于总包单位的管理人员，侧重于了解工程的整体和宏观信息，便于有效进行专业分包，便于实施进度、质量、安全和造价管理，因此需要重点关注设计中所采用的新材料、新技术、新工艺、新设备，并做好方案论证和技术、安全交底工作。对于不同工种的劳务作业人员，则需要掌握更具体、更细致的信息，如对于钢筋工，凡是设计图纸中有关钢筋的信息，必须仔细识读，了解钢筋的种类、直径、形状、数量和排列方式，以及钢筋搭接方法、锚固方式，从而正确地进行下料长度计算、钢筋制作和钢筋的绑扎。而对于木工，其主要工作内容是支设模板，因此主要关注各种构件的截面尺寸、空间定位和相互位置关系，以便进行模板的设计、放样、下料和拼装。

2. 识读结构施工图的方法

对于不同的岗位或工种，都需要首先读懂图纸所传递的基本信息。识读结构施工图的方法可以归纳为：先设计、后图集；先说明、后图纸；先基础、后主体；先平面、后详图；先文字、后图形。

（1）先设计、后图集

这里"设计"是狭义的说法，指的是针对某一具体工程编制的施工图设计文件，"图集"指的是结构专业的国家建筑标准设计图集，如16G101《混凝土结构施工图平面整体表示方法制图规则和构造详图》、18G901《混凝土结构施工钢筋排布规则与构造详图》等。

目前，建筑结构施工图平面整体设计方法（简称"平法"）已经普及。平法就是把结构构件的尺寸和配筋等，按照平面整体表示方法制图规则，整体直接表达在各类构件的结构平面布置图上，形成施工图设计文件；再与"图集"中的标准构造详图相配合，构成一套完整的结构专业施工图纸。

（2）先说明、后图纸

结构设计总说明包含工程结构的基本信息和结构设计的总体说明、统一要求，因此，应先阅读结构设计总说明，再识读其他图纸。如对于表3-1所列的某小学附属用房工程结构施工图，需要先阅读结施-1、结施-2，再识读其他图纸。

（3）先基础、后主体

一般情况下，基础是先行施工的，因此应该按施工顺序，先识读基础施工图（如表3-1中结施-3到结施-5），再识读主体结构施工图（如表3-1中结施-6到结施-13）。

（4）先平面、后详图

对于某一类具体的构件，如通过平面图无法完整表达其信息，需要绘制构件详图。如对于采用桩基础的工程，除了绘制基础平面布置图和桩位图，一般还要绘制承台详图或桩身详图。

（5）先文字、后图形

每一页图纸上，除了图形，一般还有适用于本页图纸的文字说明，建议识读时，首先阅读文字内容，了解对于本页图纸的统一要求，再识读具体图形，以免遗漏相关信息。

3. 识读结构施工图的步骤

（1）识读目录，核查图纸

从中了解新建工程的建设单位、设计单位情况，图纸总张数、建筑的类型、建筑的用途、建筑的面积、建筑的层数等，从而初步了解整套施工图的基本情况。核对图纸种类是否齐全，张数是否足够，图纸编号是否正确，编号与图纸内容是否符合，统计所采用的有关规范、规程和引用的标准图集，并收集这些资料以备查用，这些均为正式识图前的准备工作。

（2）识读设计总说明

重点了解工程概况、设计参数、建筑分类等级、材料使用情况、新技术、新工艺应用情况，不同分部分项工程设计要求等，为全面识读施工图作准备。

（3）识读基础结构施工图

识读基础平面图、基础详图，如果采用桩基础还应包括桩位布置平面图、桩基详图及承台详图。重点了解基础的埋深，基坑（槽）挖土的深度、基础的类型、构造、尺寸及所用的材料等。

识读基础施工图时需要注意以下几个问题：

1）基础施工前应按规范及设计要求进行验槽工作，即在基坑或基槽开挖至坑底设计标高后，检验地基是否符合要求。勘察、设计、监理、施工、建设等各方相关技术人员应共同参加验槽。

2）基础底板、地下室外墙结构施工要与防水、保温等施工内容相结合，保证构造正确、工序合理。

3）需要考虑与设备各专业的配合，做好设备专业管线、井道等的预埋预留。

（4）识读主体结构施工图

主体结构施工图包括基础底板以上各层地下室、主体结构首层、标准层和屋面结构平面图，构件详图和节点详图。

识读主体结构施工图，需要首先搞清主体结构的结构类型，是框架结构、剪力墙结构、框架剪力墙结构，还是外框内筒结构；然后搞清楚主体结构一共有多少种承重受力构件。如框架结构的主要受力构件是板、梁、柱；剪力墙主要受力构件是板、墙梁、墙身和墙柱。

对于结构构件，包括板、梁、柱、墙以及阳台、挑檐、天沟、女儿墙、空调室外机搁板等，主要了解其类型、编号、尺寸、空间位置、混凝土强度等级、钢筋布置、不同构件的连接关系等。

在识读基础和主体结构施工图时，注意掌握一定的技巧和识读顺序，也就是"先定位、后构件、再连接"，"先定位"是指根据定位轴线以及尺寸标注、标高信息，确定每一个构件的空间位置；"后构件"是指根据结构平面图和详图确定每种构件的几何尺寸（包括截面尺寸、构件长度等）以及材料信息（如混凝土强度等级、抗渗等级、钢筋级别、数量、直径等）；"再连接"是要解决不同构件之间的连接问题（如桩与承台的连接，墙、柱与基础的连接，框架梁与框架柱的连接，次梁与主梁的连接等），具体的连接方法有时以详图的形式表达，有时需要查阅相关的标准设计图集确定。

第二节 钢筋混凝土结构施工基本构造要求

从事施工技术和管理工作，长期以来遵循的一个重要原则是"照图施工"，采用平法施工图之前，对于结构专业，这个"图"主要就是施工蓝图，对照施工图样和设计说明，就可以完成工程的全部施工内容。随着平法施工图的逐步普及，完整的结构设计图不仅包括平法施工图，还包括与各种构件类型相对应的标准构造详图。

按平法设计绘制结构施工图时，应将所有构件进行编号，编号中含有类型代号和序号等。其中，类型代号的主要作用是指明所选用的标准构造详图。在标准图集中，各类构造详图已经按其所属构件类型注明代号，以明确该详图与平法施工图中对应构件的互补关系，使两者结合构成完整的结构设计图。因此，施工前需要对照施工图纸，根据不同构件的标准构造详图选择和确定具体的构造做法，如纵向钢筋的弯折、排布、连接、锚固、箍筋加密等，才能进行施工。具体要求应参照《混凝土结构施工图平面整体表示方法制图规则和构造详图》16G101各册图集中的第二部分"标准构造详图"中的有关内容；对于钢筋工程还应参考《混凝土结构施工钢筋排布规则与构造详图》18G901图集的相关内容。

对于不同的构件，有一些基本的构造要求，现汇总如下，以便于读者参考。更多的构造要求，尚须参考相关的规范和标准图集。

一、混凝土结构的环境类别和混凝土保护层最小厚度

1. 混凝土结构的环境类别

混凝土结构的环境类别划分见表3-4。

表3-4　混凝土结构的环境类别

环境类别	条件
一	室内干燥环境
	无侵蚀性静水浸没环境
二 a	室内潮湿环境
	非严寒和非寒冷地区的露天环境
	非严寒和非寒冷地区与无侵蚀性的水或土壤直接接触的环境
	严寒和寒冷地区冰冻线以下与无侵蚀性的水或土壤直接接触的环境
二 b	干湿交替环境
	水位频繁变动环境
	严寒和寒冷地区的露天环境
	严寒和寒冷地区冰冻线以上与无侵蚀性的水或土壤直接接触的环境

（续）

环境类别	条件
三 a	严寒和寒冷地区冬季水位变动区环境
	受除冰盐影响环境
	海风环境
三 b	盐渍土环境
	受除冰盐作用环境
	海岸环境

注：1. 室内潮湿环境是指构件表面经常处于结露或湿润状态的环境。

2. 严寒和寒冷地区的划分应符合现行国家标准《民用建筑热工设计规范》GB50176 的有关规定。

3. 海岸环境和海风环境宜根据当地情况，考虑主导风向及结构所处迎风、背风部位等因素的影响，由调查研究和工程经验确定。

4. 受除冰盐影响环境是指受到除冰盐盐雾影响的环境；受除冰盐作用环境是指被除冰盐溶液溅射的环境以及使用除冰盐地区的洗车房、停车楼等建筑。

5. 暴露的环境是指混凝土结构表面所处的环境。

2. 混凝土保护层最小厚度

混凝土保护层是指最外层钢筋（包括箍筋、构造筋、分布筋等）的外边缘至混凝土表面的距离。

设计使用年限为 50 年的混凝土结构，最外层钢筋的保护层厚度应符合表 3-5 的规定；一类环境中，设计使用年限为 100 年的混凝土结构，最外层钢筋的保护层厚度不应小于表中数值的 1.4 倍；二、三类环境中，设计使用年限为 100 年的混凝土结构，应采取专门的有效措施。受力钢筋保护层的厚度不应小于钢筋的公称直径 d。

表 3-5　混凝土保护层最小厚度　　　　　　　　　　　　　（单位：mm）

环境类别	板、墙	梁、柱
一	15	20
二 a	20	25
二 b	25	30
三 a	30	40
三 b	40	50

注：1. 混凝土强度等级不大于 C25 时，表中保护层厚度数值应增加 5mm。

2. 当梁、柱、墙中纵向受力钢筋的保护层厚度大于 50mm 时，宜对保护层采取有效的防裂构造措施，其构造见图 3-1。

3. 对有防火要求的建筑物，其混凝土保护层尚应符合国家现行有关标准的要求。

二、纵向钢筋排布要求

1. 梁纵向钢筋间距

（1）梁上部纵筋

1）梁上部纵筋水平方向的净间距（钢筋外边缘之间的最小距离）不应小于 30mm 和 1.5d。

2）各层钢筋之间竖向净间距不应小于 25mm 和 d（d 为钢筋最大直径）。

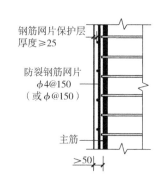

图 3-1　保护层防裂钢筋网片构造

（2）梁下部纵筋

1）梁下部纵筋水平方向的净距不应小于 25mm 和 d。

2）梁下部纵筋配置多于 2 层时，2 层以上钢筋水平方向的中距应比下面两层的中距增大一倍。

3）各层钢筋之间竖向净间距不应小于 25mm 和 d（d 为钢筋最大直径）。

（3）梁纵向构造钢筋

当梁的腹板高度 $h_w \geqslant 450\text{mm}$ 时，在梁的两个侧面应沿高度配置纵向构造钢筋，其间距 a 不宜大于 200mm，如图 3-2 所示。h_w 为梁截面的腹板高度：对矩形截面，取有效高度 h_0；T 形截面，取有效高度 h_0 减去翼缘高度；I 形截面，取腹板净高。

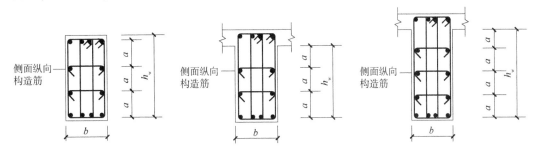

图 3-2　梁侧面构造钢筋

截面有效高度 h_0 为纵向受拉钢筋合力点至截面受压边缘的距离，具体计算公式为：$h_0 = h - s$，其中 s 为梁底至梁下部纵向受拉钢筋合力点距离。当梁下部纵向钢筋为一层时，s 取至钢筋中心位置；当梁下部纵筋为两层时，s 可近似取值为 60mm，即 $h_0 = h - 60$。

如某框架梁，截面为矩形，梁高度为 500mm，下部纵筋为 4 ⨎ 20，单排布置，箍筋直径为 8mm，梁底钢筋保护层为 25mm，则 $h_w = h_0 = h - s = 500 - (25 + 8 + 20/2) = 457$（mm）。

2. 柱纵向钢筋间距

柱中纵向受力钢筋的净间距不应小于 50mm，且不宜大于 300mm；截面尺寸大于 400mm 的柱，纵向钢筋的间距不宜大于 200mm。

3. 剪力墙分布钢筋间距

混凝土剪力墙水平分布钢筋及竖向分布钢筋间距（中心距）不宜大于 300mm。部分框支剪力墙结构的底部加强部位，剪力墙水平和竖向分布钢筋间距不宜大于 200mm。

三、受拉钢筋基本锚固长度 l_{ab}、l_{abE}

受拉钢筋基本锚固长度 l_{ab} 见表 3-6。抗震设计时受拉钢筋基本锚固长度 l_{abE} 见表 3-7。

表 3-6　受拉钢筋基本锚固长度 l_{ab}

钢筋种类	混凝土强度等级								
	C20	C25	C30	C35	C40	C45	C50	C55	$\geqslant$C60
HPB300	$39d$	$34d$	$30d$	$28d$	$25d$	$24d$	$23d$	$22d$	$21d$
HRB400	—	$40d$	$35d$	$32d$	$29d$	$28d$	$27d$	$26d$	$25d$
HRB500	—	$48d$	$43d$	$39d$	$36d$	$34d$	$32d$	$31d$	$30d$

表 3-7　抗震设计时受拉钢筋基本锚固长度 l_{abE}

抗震等级	钢筋种类	混凝土强度等级								
		C20	C25	C30	C35	C40	C45	C50	C55	$\geqslant$C60
一、二级	HPB300	$45d$	$39d$	$35d$	$32d$	$29d$	$28d$	$26d$	$25d$	$24d$
三级		$41d$	$36d$	$32d$	$29d$	$26d$	$25d$	$24d$	$23d$	$22d$
一、二级	HRB400	—	$46d$	$40d$	$37d$	$33d$	$32d$	$31d$	$30d$	$29d$
三级		—	$42d$	$37d$	$34d$	$30d$	$29d$	$28d$	$27d$	$26d$
一、二级	HRB500	—	$55d$	$49d$	$45d$	$41d$	$39d$	$37d$	$36d$	$35d$
三级		—	$50d$	$45d$	$41d$	$38d$	$36d$	$34d$	$33d$	$32d$

应用表 3-6 和表 3-7 时应注意以下问题：

1）d 为锚固钢筋直径。

2）四级抗震等级 $l_{abE} = l_{ab}$。

3）HPB300 级钢筋规格限于 6～14mm。

4）当锚固钢筋的保护层厚度不大于 $5d$ 时，锚固钢筋长度范围内应设置横向构造钢筋，其直径不应小于 $d/4$（d 为锚固钢筋的最大直径）；对梁、柱等构件间距不应大于 $5d$，对板、墙等构件间距不应大于 $10d$，且均不应大于 100mm（d 为锚固钢筋的最小直径）。

四、受拉钢筋锚固长度 l_a、l_{aE}

受拉钢筋锚固长度 l_a 见表 3-8 和表 3-9。

表 3-8　直径 $d > 25$mm 受拉钢筋锚固长度 l_a

钢筋种类	混凝土强度等级							
	C25	C30	C35	C40	C45	C50	C55	≥C60
HRB400	$44d$	$39d$	$35d$	$32d$	$31d$	$30d$	$29d$	$28d$
HRB500	$53d$	$47d$	$43d$	$40d$	$37d$	$35d$	$34d$	$33d$

表 3-9　直径 $d ≤ 25$mm 受拉钢筋锚固长度 l_a

钢筋种类	混凝土强度等级								
	C20	C25	C30	C35	C40	C45	C50	C55	≥C60
HPB300	$39d$	$34d$	$30d$	$28d$	$25d$	$24d$	$23d$	$22d$	$21d$
HRB400	—	$40d$	$35d$	$32d$	$29d$	$28d$	$27d$	$26d$	$25d$
HRB500	—	$48d$	$43d$	$39d$	$36d$	$34d$	$32d$	$31d$	$30d$

受拉钢筋抗震锚固长度 l_{aE} 见表 3-10 和表 3-11。

表 3-10　直径 $d > 25$mm 受拉钢筋抗震锚固长度 l_{aE}

抗震等级	钢筋种类	混凝土强度等级							
		C25	C30	C35	C40	C45	C50	C55	≥C60
一、二级	HRB400	$51d$	$45d$	$40d$	$37d$	$36d$	$35d$	$33d$	$32d$
三级		$46d$	$41d$	$37d$	$34d$	$33d$	$32d$	$30d$	$29d$
一、二级	HRB500	$61d$	$54d$	$49d$	$46d$	$43d$	$40d$	$39d$	$38d$
三级		$56d$	$49d$	$45d$	$42d$	$39d$	$37d$	$36d$	$35d$

表 3-11　直径 $d ≤ 25$mm 受拉钢筋抗震锚固长度 l_{aE}

抗震等级	钢筋种类	混凝土强度等级								
		C20	C25	C30	C35	C40	C45	C50	C55	≥C60
一、二级	HPB300	$45d$	$39d$	$35d$	$32d$	$29d$	$28d$	$26d$	$25d$	$24d$
三级		$41d$	$36d$	$32d$	$29d$	$26d$	$25d$	$24d$	$23d$	$22d$
一、二级	HRB400	—	$46d$	$40d$	$37d$	$33d$	$32d$	$31d$	$30d$	$29d$
三级		—	$42d$	$37d$	$34d$	$30d$	$29d$	$28d$	$27d$	$26d$
一、二级	HRB500	—	$55d$	$49d$	$45d$	$41d$	$39d$	$37d$	$36d$	$35d$
三级		—	$50d$	$45d$	$41d$	$38d$	$36d$	$34d$	$33d$	$32d$

应用表 3-8～表 3-11 时应注意以下问题：

1）当为环氧树脂涂层带肋钢筋时，表中数据尚应乘以 1.25。

2）当纵向受拉钢筋在施工过程中易受扰动时，表中数据尚应乘以 1.1。

3）当锚固长度范围内纵向受力钢筋周边保护层厚度为 3d、5d（d 为锚固钢筋的直径）时，表中数据可分别乘以 0.8、0.7；中间时按线性内插取值。

4）当纵向受拉普通钢筋锚固长度修正系数 ［（1）～（3）］ 多于一项时，可按连乘计算。

5）受拉钢筋的锚固长度 l_a、l_{aE} 计算值不应小于 200mm。

6）四级抗震时，$l_{aE} = l_a$。

7）当锚固钢筋的保护层厚度不大于 5d 时，锚固钢筋长度范围内应设置横向构造钢筋，其直径不应小于 $d/4$（d 为锚固钢筋的最大直径）；对梁、柱等构件间距不应大于 5d，对板、墙等构件间距不应大于 10d，且均不应大于 100mm（d 为锚固钢筋的最小直径）。

五、纵向受拉钢筋搭接长度 l_l、l_{lE}

纵向受拉钢筋搭接长度 l_l 见表 3-12 和表 3-13。

表 3-12 钢筋直径 $d > 25$mm 纵向受拉钢筋搭接长度 l_l

钢筋种类	同一区段内搭接钢筋面积百分率（%）	混凝土强度等级							
		C25	C30	C35	C40	C45	C50	C55	C60
HRB400	≤25	53d	47d	42d	38d	37d	36d	35d	34d
	50	62d	55d	49d	45d	43d	42d	41d	39d
	100	70d	62d	56d	51d	50d	48d	46d	45d
HRB500	≤25	64d	56d	52d	48d	44d	42d	41d	40d
	50	74d	66d	60d	56d	52d	49d	48d	46d
	100	85d	75d	69d	64d	59d	56d	54d	53d

表 3-13 钢筋直径 $d \leqslant 25$mm 纵向受拉钢筋搭接长度 l_l

钢筋种类	同一区段内搭接钢筋面积百分率（%）	混凝土强度等级								
		C20	C25	C30	C35	C40	C45	C50	C55	C60
HPB300	≤25	47d	41d	36d	34d	30d	29d	28d	26d	25d
	50	55d	48d	42d	39d	35d	34d	32d	31d	29d
	100	62d	54d	48d	45d	40d	38d	37d	35d	34d
HRB400	≤25	—	48d	42d	38d	35d	34d	32d	31d	30d
	50	—	56d	49d	45d	41d	39d	38d	36d	35d
	100	—	64d	56d	51d	46d	45d	43d	42d	40d
HRB500	≤25	—	58d	52d	47d	43d	41d	38d	37d	36d
	50	—	67d	60d	55d	50d	48d	45d	43d	42d
	100	—	77d	69d	62d	58d	54d	51d	50d	48d

纵向受拉钢筋抗震搭接长度 l_{lE} 见表 3-14 和表 3-15。

表 3-14 钢筋直径 $d > 25$mm 纵向受拉钢筋抗震搭接长度 l_{lE}

抗震等级	钢筋种类	同一区段内搭接钢筋面积百分比（%）	混凝土强度等级							
			C25	C30	C35	C40	C45	C50	C55	C60
一级、二级	HRB400	≤25	61d	54d	48d	44d	43d	42d	40d	38d
		50	71d	63d	56d	52d	50d	49d	46d	45d
	HRB500	≤25	73d	65d	59d	55d	52d	48d	47d	46d
		50	85d	76d	69d	64d	60d	56d	55d	53d

(续)

抗震等级	钢筋种类	同一区段内搭接钢筋面积百分比（%）	混凝土强度等级							
			C25	C30	C35	C40	C45	C50	C55	C60
三级	HRB400	≤25	55d	49d	44d	41d	40d	38d	36d	35d
		50	64d	57d	52d	48d	46d	45d	42d	41d
	HRB500	≤25	67d	59d	54d	50d	47d	44d	43d	42d
		50	78d	69d	63d	59d	55d	52d	50d	49d

表 3-15　钢筋直径 d≤25mm 纵向受拉钢筋抗震搭接长度 l_{lE}

抗震等级	钢筋种类	同一区段内搭接钢筋面积百分率（%）	混凝土强度等级								
			C20	C25	C30	C35	C40	C45	C50	C55	C60
一级、二级	HPB300	≤25	54d	47d	42d	38d	35d	34d	31d	30d	29d
		50	63d	55d	49d	45d	41d	39d	36d	35d	34d
	HRB400	≤25	—	55d	48d	44d	40d	38d	37d	36d	35d
		50	—	64d	56d	52d	46d	45d	43d	42d	41d
	HRB500	≤25	—	66d	59d	54d	49d	47d	44d	43d	42d
		50	—	77d	69d	63d	57d	55d	52d	50d	49d
三级	HPB300	≤25	49d	43d	38d	35d	31d	30d	29d	28d	26d
		50	57d	50d	45d	41d	36d	35d	34d	32d	31d
	HRB400	≤25	—	50d	44d	41d	36d	35d	34d	32d	31d
		50	—	59d	52d	48d	42d	41d	39d	38d	36d
	HRB500	≤25	—	60d	54d	49d	46d	43d	41d	40d	38d
		50	—	70d	63d	57d	53d	50d	48d	46d	45d

应用表 3-12 ~ 表 3-15 中数据时，应注意以下问题：

1）表中数值为纵向受拉钢筋绑扎搭接接头的搭接长度。

2）两根不同直径钢筋搭接时，表中 d 取较细钢筋直径。

3）当为环氧树脂涂层带肋钢筋时，表中数据尚应乘以 1.25。

4）当纵向受拉钢筋在施工过程中易受扰动时，表中数据尚应乘以 1.1。

5）当搭接长度范围内纵向受力钢筋周边保护层厚度为 3d、5d（d 为搭接钢筋的直径）时，表中数据尚可分别乘以 0.8、0.7，中间时按线性内插取值。

6）当上述修正系数［（3）~（5）］多于一项时，可按连乘计算。

7）任何情况下，搭接长度不应小于 300mm。

8）HPB300 级钢筋规格限于直径 6 ~ 14mm。

9）四级抗震时，$l_{lE}=l_l$。

10）当纵向搭接钢筋接头面积百分率为表的中间值时，搭接长度可按线性内插取值。

第三节　结构设计总说明

由于建筑工程具有单件性的特点，每一项工程都有别于其他工程，因此结构设计总说明包含的内容也都是不一样的，而且基于多年的积累和习惯，不同设计机构编制的结构设计总说明，具体内容也不尽相同。一般来说，结构设计总说明应包括以下内容。

1. 工程概况

应说明工程地点，工程周边环境，工程分区，主要功能；各单体（或分区）建筑的长、宽、高，地上与地下层数，各层层高，结构类型、结构规则性判别，主要结构跨度，特殊结构及造型，工业厂房的吊车吨位等。当采用装配式结构时，应说明结构类型及采用的预制构件类型等。

2. 设计依据

包括主体结构设计使用年限；工程所在地自然条件，包括基本风压，地面粗糙度，基本雪压，气温（必要时提供），抗震设防烈度等；岩土工程勘察报告；场地地震安全性评价报告（必要时提供）；风洞试验报告（必要时提供）；相关节点和构件试验报告（必要时提供）；振动台试验报告（必要时提供）；建设单位提出的与结构有关的符合有关标准、法规的书面要求；初步设计的审查、批复文件；对于超限高层建筑，应有建筑结构工程超限设计可行性论证报告的批复文件；采用桩基时应按相关规范进行承载力检测并提供检测报告；本专业设计所执行的主要法规和所采用的主要标准（包括标准的名称、编号、年号和版本号）。

3. 图纸说明

图纸说明应包括以下内容：图纸中标高、尺寸的单位；设计 ±0.000m 标高所对应的绝对标高值；当图纸按工程分区编号时，应有图纸编号说明；常用构件代码及构件编号说明；各类钢筋代码说明，型钢代码及其截面尺寸标记说明；混凝土结构采用平面整体表示方法时，应注明所采用的标准图名称及编号或提供标准图。

4. 建筑分类等级

应说明下列建筑分类等级及所依据的规范或批文：建筑结构安全等级；地基基础设计等级；建筑抗震设防类别；主体结构类型及抗震等级；地下水位标高和地下室防水等级；人防地下室的设计类别、防常规武器抗力级别和防核武器抗力级别；建筑防火分类等级和耐火等级；混凝土构件的环境类别；湿陷性黄土场地建筑物分类；对超限建筑，注明结构抗震性能目标、结构及各类构件的抗震性能水准。

5. 主要荷载（作用）取值及设计参数

应说明以下内容：楼（屋）面面层荷载、吊挂（含吊顶）荷载；墙体荷载、特殊设备荷载；栏杆荷载；楼（屋）面活荷载；风荷载（包括地面粗糙度、体型系数、风振系数等）；雪荷载（包括积雪分布系数等）；地震作用（包括设计基本地震加速度、设计地震分组、场地类别、场地特征周期、结构阻尼比、水平地震影响系数最大值等）；温度作用及地下室水浮力的有关设计参数。

6. 设计计算程序

应说明结构整体计算及其他计算所采用的程序名称、版本号、编制单位；结构分析所采用的计算模型，多、高层建筑整体计算的嵌固部位和底部加强区范围等。

7. 主要结构材料

应说明结构材料性能指标；混凝土强度等级（按标高及部位说明所用混凝土强度等级），防水混凝土的抗渗等级，轻骨料混凝土的密度等级；注明混凝土耐久性的基本要求；采用预搅拌混凝土的要求；砌体的种类及其强度等级、干容重，砌筑砂浆的种类及等级，砌体结构施工质量控制等级；采用预搅拌砂浆的要求；钢筋种类及使用部位、钢绞线或高强钢丝种类及其对应产品标准，其他特殊要求（如强屈比等）；成品拉索、预应力结构的锚具、成品支座（如各类橡胶支座、钢支座、隔震支座等）、阻尼器等特殊产品的技术参数。装配式结构连接材料的种类及要求（包括连接套筒、浆锚金属波纹管、冷挤压接头性能等级要求、预制夹心外墙内的拉结件、套筒灌浆料、水泥基灌浆料性能指标、螺栓材料及规格、接缝材料及其他连接方式所使用的材料）。

8. 基础及地下室工程

应说明工程地质及水文地质概况，各主要土层的压缩模量及承载力特征值等；对不良地基的处理措施及技术要求，抗液化措施及要求，地基土的冰冻深度、场地土的特殊地质条件等；注明基础形式和基础持力层；采用桩基时应简述桩型、桩径、桩长、桩端持力层及桩进入持力层的深度要求，设计所采用的单桩承载力特征值（必要时尚应包括竖向抗拔承载力和水平承载力）、地基承载力的检验要求（如静载试验、桩基的试桩及检测要求）等；地下室抗浮（防水）设计水位及抗浮措施，施工期间的降水要求及终止降水的条件等；基坑、承台坑回填要求；基础大体积混凝土的施工要求；当有人防地下室时，应图示标明人防部分与非人防部分的分界范围；各类地基基础检测要求。

9. 钢筋混凝土工程

应说明各类混凝土构件的环境类别及其最外层钢筋的保护层厚度；钢筋锚固长度、搭接长度、连接方式及要求；各类构件的钢筋锚固要求；预应力构件采用后张法时的孔道做法及布置要求、灌浆要求等；预应力构件张拉端、固定端构造要求及做法，锚具防护要求等；预应力结构的张拉控制应力，张拉顺序，张拉条件（如张拉时的混凝土强度等），必要的张拉测试要求等；梁、板的起拱要求及拆模条件；后浇带或后浇块的施工要求（包括补浇时间要求）；特殊构件施工缝的位置及处理要求；预留孔洞的统一要求（如补强加固要求），各类预埋件的统一要求；防雷接地要求。

10. 砌体工程

应说明砌体墙的材料种类、厚度、成墙后的墙重限制；砌体填充墙与框架梁、柱、剪力墙的连接要求或注明所引用的标准图；砌体墙上门窗洞口过梁要求或注明所引用的标准图；需要设置的构造柱、圈梁（拉梁）要求及附图或注明所引用的标准图。

11. 检测（观测）要求

应说明沉降观测要求；大跨结构及特殊结构的检测、施工和使用阶段的健康监测要求；高层、超高层结构应根据情况补充日照变形观测等特殊变形要求；基桩的检测。

12. 应说明施工须特别注意的问题

13. 当有基坑时应对基坑设计提出技术要求

14. 当项目按绿色建筑要求建造时，应有绿色建筑设计说明

15. 当项目按装配式结构要求建造时，应有装配式结构设计专项说明

第四节 基础施工图

基础施工图是用来表示建筑物基础的平面布置、标高和详细构造的图纸，图样形式包括基础平面图和基础详图两种。对于条形基础、柱下独立基础和筏形基础，基础施工图主要由基础平面图、基础详图两部分组成。对于桩基础，基础施工图主要由桩基础平面图、桩身详图、承台详图三部分组成。有时，当桩布置较复杂或为图纸清晰和施工方便，将桩基础施工图中的桩基础平面图分成桩平面布置图和承台平面布置图两部分表示，这时桩基础施工图由桩平面布置图和承台平面布置图、桩身详图和承台详图四部分构成。

一、基础施工图内容

1. 基础平面图

基础平面图是假想用一个水平面沿着地面剖切整幢房屋，移去上部房屋和基础上的土层，用正投影法绘制的水平投影图。基础平面图主要表示基础的平面布置情况，以及基础与墙、柱定位轴线的相对关系，是房屋施工过程中指导放线、基坑开挖、定位基础的依据。基础平面图的绘制比例，通常采用1:50、1:100、1:200。基础平面图中的定位轴线网格与建筑平面图中的轴线网格完全相同。基础平面图的主要内

容包括：

（1）绘出定位轴线、基础构件（包括承台、基础梁等）的位置、尺寸、底标高、构件编号，基础底标高不同时，应绘出放坡示意图；表示施工后浇带的位置及宽度。

（2）标明砌体结构墙与墙垛、柱的位置与尺寸、编号；混凝土结构可另绘结构墙、柱平面定位图，并注明截面变化关系尺寸。

（3）标明地沟、地坑和已定设备基础的平面位置、尺寸、标高，预留孔与预埋件的位置、尺寸、标高。

（4）需进行沉降观测时注明观测点位置。

（5）基础设计说明应包括基础持力层及基础进入持力层的深度，地基的承载力特征值，持力层验槽要求，基底及基槽回填土的处理措施与要求，以及对施工的有关要求等。

（6）采用桩基时应绘出桩位平面位置、定位尺寸及桩编号；先做试桩时，应单独绘制试桩定位平面图。

（7）当采用人工复合地基时，应绘出复合地基的处理范围和深度，置换桩的平面布置及其材料和性能要求、构造详图；注明复合地基的承载力特征值及变形控制值等有关参数和检测要求。

当复合地基由其他有设计资质的单位设计时，基础设计方应对经处理的地基提出承载力特征值和变形控制值的要求及相应的检测要求。

2. 基础详图

由于基础平面图只表示了基础平面布置，没有表达出基础各部位的断面，为了给基础施工提供详细的依据，就必须画出各部分的基础断面详图。

基础详图是采用假想的剖切平面垂直剖切基础具有代表性的部位而得到的断面图。为了更清楚地表达基础的断面，基础详图的绘制比例通常取1∶20、1∶30。基础详图充分表达了基础的断面形状、材料、大小、构造和埋置深度等内容。基础详图一般采用垂直的横剖断面表示。断面详图相同的基础用同一个编号、同一个详图表示。对断面形状和配筋形式都较类似的条形基础，可采用通用基础详图的形式，通用基础详图的轴线符号圆圈内不注明具体编号。

对于同一栋建筑，由于它内部各处的荷载和地基承载力不同，其基础断面的形式也不相同，所以需画出每一处断面形式不同的基础的断面详图，断面的剖切位置可以在基础平面图上用剖切符号表示，也可以在基础平面详图中用剖切符号表示。

基础详图的主要内容包括：

（1）砌体结构无筋扩展基础应绘出剖面、基础圈梁、防潮层位置，并标注总尺寸、分尺寸、标高及定位尺寸。

（2）扩展基础应绘出平、剖面及配筋、基础垫层，标注总尺寸、分尺寸、标高及定位尺寸等。

（3）桩基应绘出桩详图、承台详图及桩与承台的连接构造详图。桩详图包括桩顶标高、桩长、桩身截面尺寸、配筋、预制桩的接头详图，并说明地质概况、桩持力层及桩端进入持力层的深度、成桩的施工要求、桩基的检测要求，注明单桩的承载力特征值（必要时尚应包括竖向抗拔承载力及水平承载力）。先做试桩时，应单独绘制试桩详图并提出试桩要求。承台详图包括平面、剖面、垫层、配筋，标注总尺寸、分尺寸、标高及定位尺寸。

（4）筏基、箱基可参照相应图集表示，但应绘出承重墙、柱的位置。当要求设后浇带时应表示其平面位置并绘制构造详图。对箱基和地下室基础，应绘出钢筋混凝土墙的平面、剖面及其配筋，当预留孔洞、预埋件较多或复杂时，可另绘墙的模板图。

二、基础施工图识读步骤和注意问题

1. 识读步骤

随着社会经济的发展，建筑物的功能越来越复杂，体量越来越大，上部结构传递给地基的荷载也越来越大，在天然地基、人工地基无法满足承载力和变形的要求下，越来越多的建筑物需要通过设置桩基础来把荷载传递扩散到更深的土层。因此，本节所引用的两个基础工程实例都包含桩基础。对于不含桩基础的工程，可以参照承台部分的内容识读基础施工图。

对于设置桩基础的基础施工图，其识读步骤如下：

（1）查看图名、比例。

（2）校核轴线编号及其间距尺寸，要求必须与建筑施工图保持一致。

（3）配合桩身剖面图和设计说明，分清不同长度或桩顶标高桩的种类，明确每种桩的桩顶标高、数量，确定各桩的平面位置。

（4）根据桩身剖面图和说明，明确每种桩的直径、长度、配筋情况。

（5）根据设计说明，明确桩的材料、构造和施工要求。

（6）明确桩的施工方法，校核施工方法与地质条件是否相符。

（7）明确单桩承载力检测试桩的数量和位置，以便为缩短工期提早试桩做准备。

（8）了解检测桩身完整性的要求、数量。

（9）确定独立承台、承台梁、条形承台、连系梁等的材料、形式、编号及其数量以及各承台的平面位置。

（10）参照承台详图、设计说明等，确定各承台的形状、平面尺寸、断面尺寸、标高和配筋等。

（11）参照结构平面图，了解柱、剪力墙的平面尺寸、与轴线的几何关系，确定承台上柱、剪力墙插筋的位置、要求。

（12）明确基础设计说明的其他要求。

2. 注意问题

由于建筑物基础的作用是将上部结构荷载传递给地基，基础底面受到地基土向上的反作用力，不同于上部梁、板所受的向下的荷载，因此基础构件受力与荷载传递方向与上部结构不同，钢筋排布规律也不相同。如基础梁纵向钢筋上部、下部纵筋的连接位置（图3-3）与框架梁（图3-32）相比，上下正好是相反的；再如基础梁与基础次梁相交部位，基础梁内设置的吊筋（图3-4）与上部框架主梁（图3-31）不同，吊筋开口方向是上下相反的，施工时要注意区别。

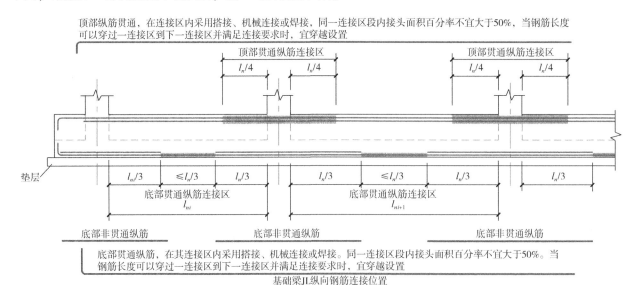

图3-3 基础梁纵向钢筋连接位置

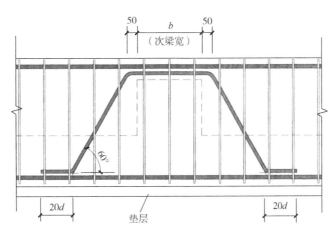

图 3-4　基础梁吊筋形式

三、基础钢筋排布构造基本要求

1. 柱插筋在基础中的锚固

当柱纵向钢筋在基础高度范围内的保护层厚度大于 $5d$（d 为锚固钢筋的最大直径）时，如设计文件没有指定，可采用如下的柱插筋方式。

（1）当基础高度 h_j 或基础顶面与中间层钢筋网片的距离小于 1200mm 时，可采用图 3-3 的柱插筋锚固方式，全部主筋伸至基础板底部并支承在底板钢筋网上。基础高度满足直锚条件时钢筋端部弯折段长度不小于 $6d$ 及 150mm；基础高度不满足直锚条件时钢筋端部弯折 $15d$，包含弯弧在内的垂直投影锚固长度不小于 $0.6l_{abE}$ 及 $20d$。

这里需要注意两个指标 l_{abE} 与 l_{aE} 的适用条件，直锚时要求锚固长度不小于受拉钢筋抗震锚固长度 l_{aE}；弯锚时一般采用 l_{abE}（抗震设计时受拉钢筋基本锚固长度），即钢筋弯折前的锚固长度不小于 l_{abE} 的一定倍数。这一点同样适用于主体结构构件。

图 3-5 中基础可以是独立基础、条形基础、基础梁、筏板基础和桩基承台。基础高度 h_j 为基础底面至基础顶面的高度。柱下为基础梁时，h_j 为梁底面至顶面的高度。当柱两侧基础梁标高不同时，取较低标高。

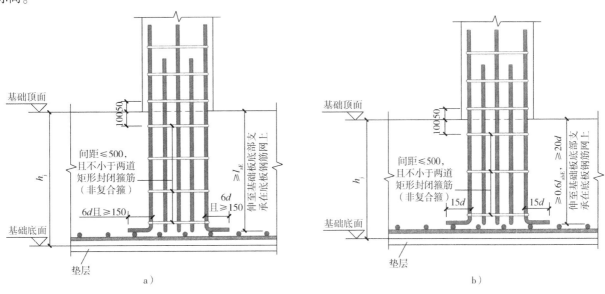

图 3-5　柱插筋在基础中的排布构造（$h_j < 1200mm$，考虑地震作用时）

a）基础高度 h_j 满足直锚长度　b）基础高度 h_j 不满足直锚长度

（2）当基础高度 h_j 或基础顶面与中间层钢筋网片的距离大于1400mm时，应采用图3-6所示的柱插筋方式。柱四角钢筋伸至底板钢筋网片或中间网片上，钢筋端部弯折段长度不小于 $6d$ 及150mm。

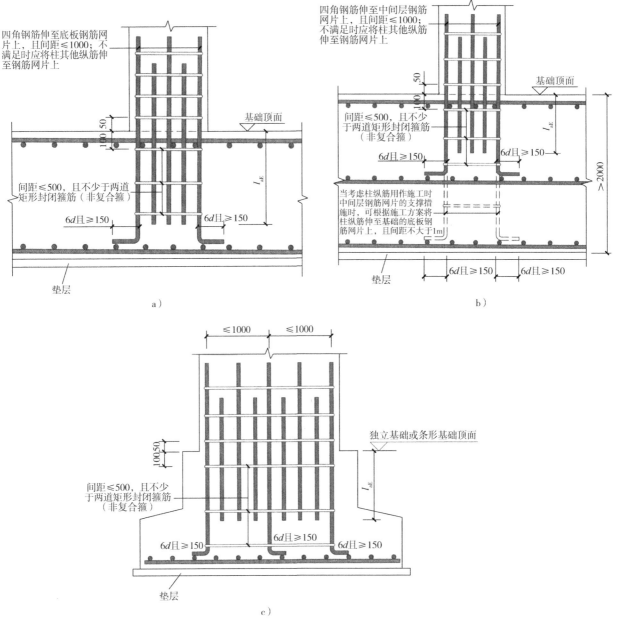

图3-6 柱插筋在基础中的排布构造（$h_j > 1400$mm，考虑地震作用时）

a）柱四角纵筋伸至底板钢筋网片上 b）柱四角纵筋伸至筏形基础中间网片上

c）四角纵筋间距大于1000mm 处理方法

（3）当基础高度 h_j 或基础顶面与中间层钢筋网片的距离为1200～1400mm时，柱插筋的锚固方式由设计确定。

2. 剪力墙墙身插筋在基础中的锚固

剪力墙墙身钢筋应伸至基础底部并支承在基础底板钢筋网片上，并在基础范围内设置间距不大于500mm且不少于两道水平分布钢筋与拉结筋。图3-7中所示基础可以是条形基础、基础梁、筏形基础和桩基承台梁。图中1—1剖面适用于基础高度不满足直锚条件的情况，钢筋全部伸至底部钢筋网片后弯折。1a—1a剖面适用于基础高度满足直锚条件，且施工时有可靠措施保证钢筋定位时，墙身竖向分布钢筋伸入基础长度满足直锚即可，并按"隔二下一"的方式伸至基础板底部，支承在底板钢筋网片上。

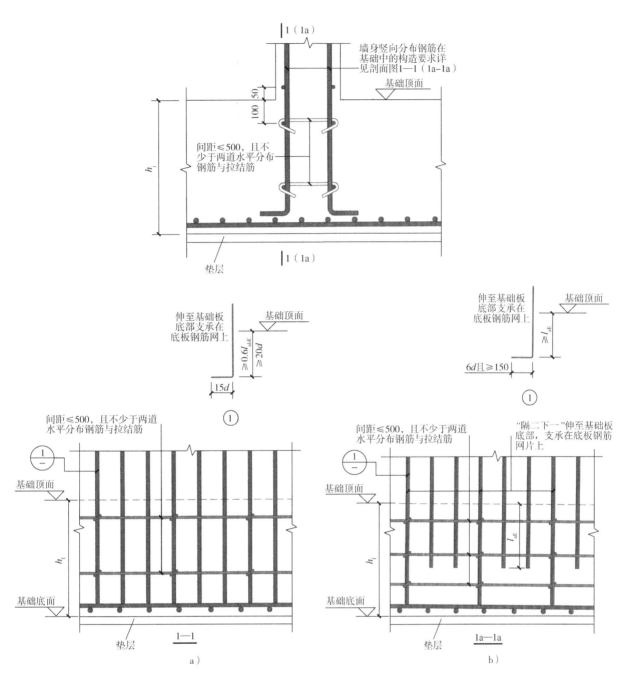

图 3-7　墙身插筋在基础中的排布构造（弯锚与直锚）

a）适用弯锚　b）适用直锚

当筏形基础中板厚＞2000mm 且设置中间层钢筋网片时，墙身插筋在基础中的钢筋排布按图 3-8 施工，在满足直锚条件时，墙身插筋按隔二下一支承在中间层钢筋网片上。

四、基础施工图实例

这里以两个实际工程为例来介绍基础施工图的识读方法，一个是某住宅工程，采用高强预应力混凝土管桩（PHC 桩）基础＋独立承台＋承台梁的基础形式；另一个是某办公楼工程，采用灌注桩＋筏板基础＋独立承台的基础形式。

包含桩基础的施工图一般包括基础平面图、基础详图、桩基平面图和桩基详图。为全面了解设计信息，一般首先识读基础平面图。基础平面图里既包含基础平面布置，又包括基础墙体或基础柱轮廓，一般还会注明工程桩的位置和轮廓。通过识读基础平面图，可以帮我们建立从工程桩单桩到基础承台，再

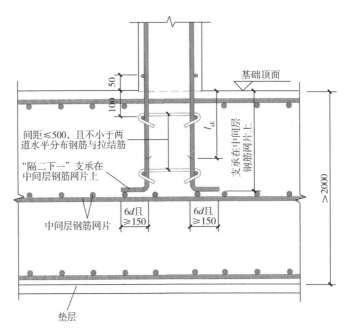

图 3-8　墙身插筋在基础中的排布构造（筏形基础板厚大于 2000mm）

到上部结构墙（或柱）的完整的认识。其中，独立承台基础或承台梁对桩和墙（或柱）起到一个承上启下的作用，这也是"承台"这个名字的来历。如果下部没有工程桩，基础也就不能叫作"承台"了。

1. 某住宅工程基础施工图

该工程的基础施工图包括四部分：基础（含独立承台及承台梁）平面布置图及详图、预应力混凝土管桩平面布置图及详图。

（1）基础平面布置图及详图

图 3-9 为基础平面布置图，绘制内容除了独立承台、承台梁，还包括承台下的桩位以及承台所支承的墙和柱（图中填黑部分）。从图中我们可以了解以下内容：

1）本工程建筑物纵向定位轴线编号从Ⓐ到Ⓟ，横向定位轴线编号从①到㊲；定位轴线编号和轴线间尺寸与建筑平面图一致，也与桩位平面布置图一致。通过观察发现，基础平面布置关于⑲轴左右对称，识读时重点看一半的图纸内容即可。

2）图中一共有两种类型的基础构件：CT 和 CTL，分别表示独立承台和承台梁。根据设计说明，混凝土强度等级均为 C35。

3）独立承台（CT）信息：本基础中的独立承台一共有 10 个，均为平板式独立承台。CT-1 外轮廓为三角形，数量 4 个，承台中心分别位于轴线⑥、⑭、㉔、㉜上；CT-2 外轮廓为长方形，数量 2 个，承台中心分别位于轴线⑤到⑧之间、㉓到㉖之间；CT-3 外轮廓为正方形，数量 4 个，承台中心分别位于轴线③、⑰、㉑、㉟上。

在平面图中，各独立承台（CT）周边的尺寸标注可以表达出承台中心线偏离定位轴线的距离，以及承台外形几何尺寸。如③轴与Ⓒ轴交叉处的独立承台 CT3，尺寸标注 1600 和 600 表示该方向承台边长 2200mm，承台中心相对Ⓒ轴向下偏移 500mm（1100 – 600）；再看垂直方向，两个 1100 表示该方向承台边长 2200mm，承台中心线与③轴重合。

图 3-10 为独立承台详图，包括独立承台平面图和剖面图。平面图标注了承台各部分的平面尺寸，剖面图主要表达了承台标高、厚度、配筋等信息。以 CT1 为例，平面详图表明，其平面形状为等腰三角形，底部受力钢筋三边相同，均为 7⏀18，平行承台边线均匀布置，具体构造要求可参考 16G101-3 第 96 页；分布钢筋为⏀10，按间距 200mm 布置。

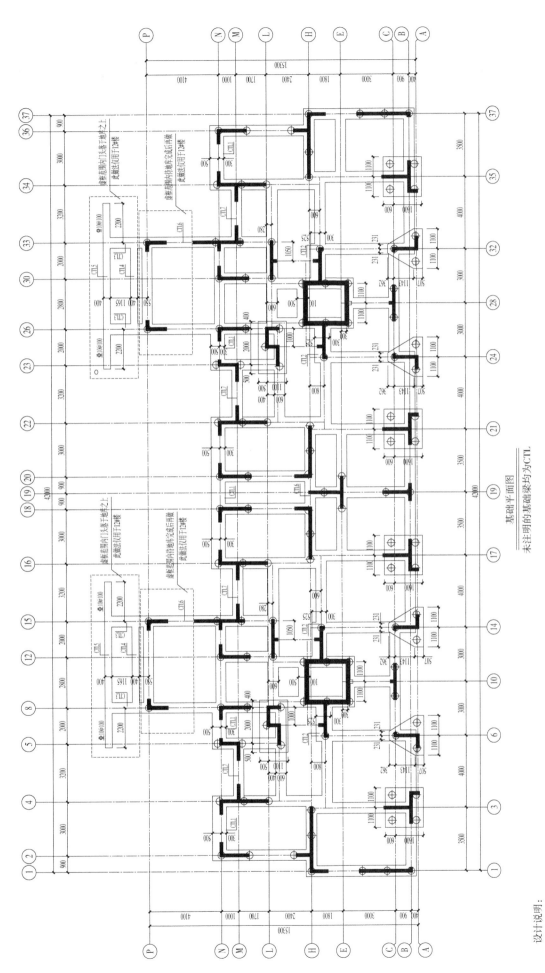

基础平面图

未注明的基础梁均为CTL。

图3-9　基础平面布置图

设计说明：

1. 基础采用桩基+独立承台+承台梁基础，不设底板。
2. 图中未注明的承台梁均为CTL；未注明基础梁居梁居轴线中。
3. 基础混凝土强度等级C35，电梯基坑侧壁用抗渗混凝土，抗渗等级P6。
4. 电梯基坑底配筋为双层双向Φ12@150。
5. 垫层混凝土C20，垫层厚度100mm，垫层范围比基础底板至少100mm。

6. 墙、柱基础插筋详见墙、柱配筋图。
7. 基础间灰动土应全部清除补以砖模或素混凝土垫层。
8. 基坑开槽后施工单位应会同有关单位检验合格后，征得设计人员同意后方可施工基础底板。
9. 承台梁保护层厚度50mm，电梯基坑迎水面保护层厚度30mm。
10. 承台梁与承台相接时，承台梁钢筋贯通承台。

69

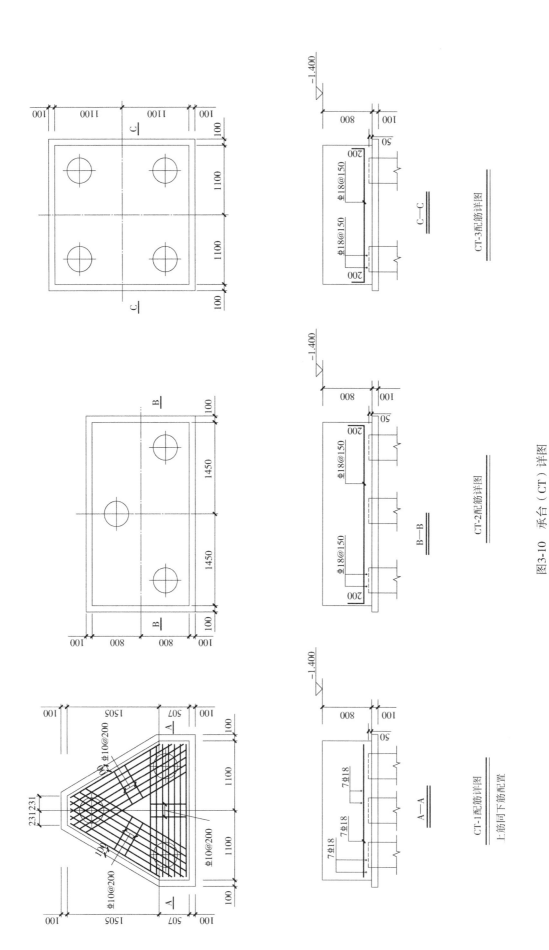

图3-10 承台（CT）详图

CT1 的剖面图，也就是 A—A 剖面图表明：承台厚度 800mm，素混凝土垫层厚度 100mm，桩顶嵌入承台高度 50mm。这里需要注意两个问题：一是在桩基础施工前确定桩顶标高时需要考虑桩顶嵌入高度；二是基坑（槽）开挖时，基坑（槽）底标高应为垫层底面标高。

CT2、CT3 承台厚度都是 800mm，顶面标高均为 - 1.400m，与 CT1 相同。承台底部两个方向受力纵筋均为 Φ18@150，钢筋端部弯折 90°，弯折段长度为 200mm。

4）承台梁。本基础中的承台梁一共有 8 种形式，如图 3-11 所示，分别是 CTL、CTL1、CTL2、CTL3、CTL4、CTL5、CTL6、CTL7。承台梁截面为矩形或正方形。图中未注明的承台梁均为 CTL 型。

首先需要在平面图中确定除 CTL 以外的七种承台梁的位置和数量。经统计，七种承台的位置、布置方向与数量如表 3-16 所示。

表 3-16 承台梁信息统计

类型	CTL1	CTL2	CTL3	CTL4	CTL5	CTL6	CTL7
所在位置	Ⓝ轴	Ⓔ到Ⓗ轴之间	Ⓟ轴以外			Ⓗ轴	Ⓜ轴
布置方向	纵向	纵向	横向	纵向	纵向	纵向	纵向
数量	5	4	4	2	2	1	4

现以 CTL 为例，说明剖面图所包含的信息。剖面图名为 CTL（CTL6），表示除括弧内参数适用于 CTL6 外，其他参数 CTL 与 CTL6 均通用。由剖面图可知，承台梁的配筋包括底部纵向钢筋、顶部纵向钢筋、侧面纵向钢筋、箍筋和拉筋。CTL 及 CTL6 具体配筋情况如下：

1）底部纵向钢筋：CTL 为 4 Φ16，CTL6 为 4 Φ22。

2）顶部纵向钢筋：CTL 为 4 Φ16，CTL6 为 4 Φ18。

3）侧面纵向钢筋（腰筋）及拉筋：CTL 及 CTL6 侧面构造钢筋均为 4 Φ16，每侧布置 2 Φ16，沿梁高方向布置，间隔 200mm。对侧腰筋采用拉筋拉结，拉筋为 Φ8@400，其间距为箍筋的两倍，即隔一布一，上下两排拉筋竖向错开布置。腰筋及拉筋的具体构造要求可参考 16G101-3 第 82 页内容。

4）箍筋：CTL 为 Φ8@200，CTL6 为 Φ12@200；均为四肢箍，箍筋的复合方式可参考 16G101-3 第 63 页内容。

由图 3-11 可知，所有承台梁的高度均为 600mm，梁顶面标高均为 - 1.600m，比图 3-10 所示独立承台顶面低 200mm，但是独立承台的厚度均为 800mm，所以所有承台梁与独立承台的底面标高是一致的，均为 - 2.200m，比桩顶标高低 50mm，这个差值也就是桩顶嵌入承台混凝土的高度。

各承台梁的配筋方式基本相同，但是钢筋直径、数量以及箍筋肢数不完全相同，要注意区分。

承台梁下的桩沿承台梁轴线单排布置，具体位置参见桩基础平面布置图。

（2）预应力混凝土管桩平面布置图及详图

图 3-12 为桩位平面图，其作用是确定每一根桩的平面位置。图中的定位轴线与建筑施工图、基础平面布置图都是一致的，每根桩的位置都是通过其中心与两个方向定位轴线的偏移量确定的。由平面图可知，部分桩的中心与两个方向的轴线重合，如布置在Ⓝ轴上，与②、⑧、⑫、⑱轴交点位置的桩；部分桩的中心与一个方向的轴线重合，如Ⓗ轴上的部分桩；其余桩的中心与两个轴线都不重合，且与轴线的偏移量没有规律，独立承台下的布桩多属于这种情况，在识读图纸和放线时一定要注意。

在桩基础施工前，由于桩数较多，一般需要对工程桩进行编号，便于核对桩数、施工放线、安排施工及抽检验收。

由设计说明可知，本工程采用的是 PRC 管桩。通过查阅《预应力混凝土管桩技术标准》（JGJ/T 406—2017）可知，PRC 管桩是主筋配筋形式为预应力钢棒和普通钢筋组合布置的高强混凝土管桩，其强

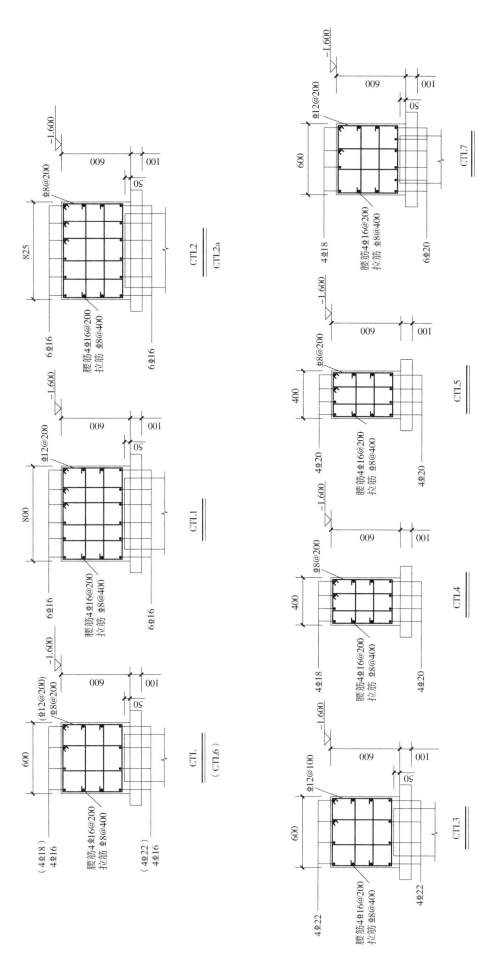

图3-11 承台梁（CTL）详图

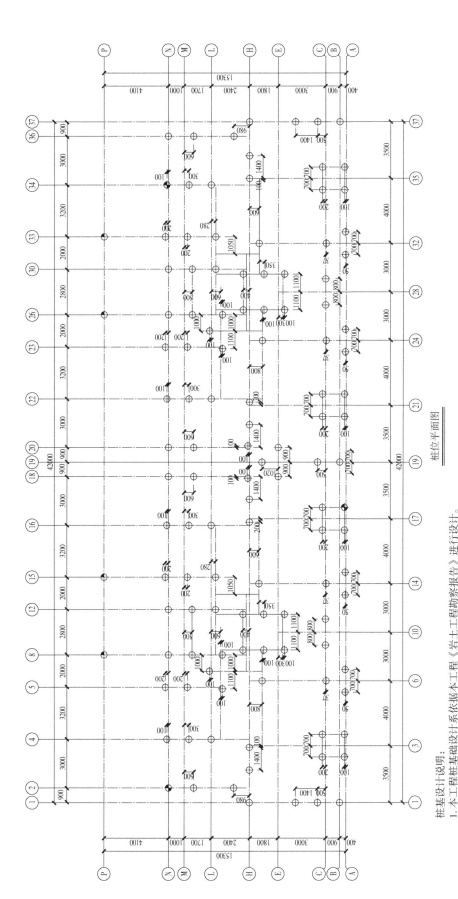

桩位平面图

桩基设计说明：

1. 本工程桩基础设计系依据本工程《岩土工程勘察报告》进行设计。

2. 本图采用相对标高，±0.000m 相当于绝对标高 2.980m，未注明时均为相对标高。

3. 本工程选用混合配筋管桩，工程桩桩技术标准《预应力混凝土管桩技术标准》（JGJ/T 406—2017）选用。

　工程桩一◆：PRC AB 400 95 12 12，Q_{uk}=1600kN，共 116 根，持力层为 8-2层粉土，桩身进入持力层 0.8m。
　工程桩二◆：PRC AB 400 95 99，Q_{uk}=500kN，共 4 根，持力层为 8-1层粉质黏土，桩身进入持力层 1.2m。
　试桩◆：PRC AB 400 95 12 12，Q_{uk}=1600kN，共 3 根，持力层为 8-2层粉土，桩身进入持力层 0.8m。
　共计 123 根。

4. 管桩技术施工及允许偏差值必须满足《预应力混凝土管桩技术标准》（JGJ/T 406—2017）的有关规定。每根桩均应有完整的施工记录。

5. 管桩拼接做法及与承台连接做法详见图集《预应力混凝土管桩》（10G-409），桩接头部位的钢零件应采用涂刷防腐蚀耐磨涂层。

6. 桩顶混凝土芯柱长度 3.5m，混凝土等级 C35，且掺入适量微膨胀剂；管桩截桩严禁使用大锤硬砸，应采用锯桩机进行截桩。

7. 本工程成桩以桩端标高控制为主。成桩方法可根据现场情况选用静压或锤击压桩。

8. 最大压桩力控制值应在试桩确定时的确定值执行，不宜大于桩身结构竖向承载力设计值的 1.35 倍。

9. 选取工程桩总数的 20%进行桩身完整性检测，且不少于 10 根。每个承台抽检桩数不得少于 1 根。

10. 因持力层标贯击数过大且有起伏，为避免出现沉桩困难，设计院根据试沉桩结果再调整桩长。检测桩的位置由现场监理选定，建议分别在①、⑩、⑲、㉘、㊲制附近各选择一根桩进行试沉桩。

图3-12　桩位平面图及桩基设计说明

度等级不小于 C80；预应力高强混凝土管桩按有效预应力值大小可分为 A 型、AB 型、B 型和 C 型，其对应混凝土有效预压应力值分别为 4MPa、6MPa、8MPa 和 10MPa。

从平面图及设计说明可以知道，工程桩单桩一共有三种，分别用⊕、⊕、⊕表示。

⊕为工程桩一，型号为 PRC AB 400 95 12 12，单桩极限承载力特征值 Q_{uk} =1600kN，共 116 根，桩长 24m，桩身分为两节，每节长度 12m。桩端持力层为 8-2 层粉土，桩身进入持力层 0.8m。其型号参数的含义见表 3-17。

表 3-17 工程桩一型号参数含义

符号	PRC	AB	400	95	12	12
含义	预应力钢棒和普通钢筋混合配筋管桩	混凝土有效预压应力值为 6MPa	管桩外径为 400mm	管桩壁厚为 95mm	下节桩长为 12m	上节桩长为 12m

⊕为工程桩二，型号为 PRC AB 400 95 9 9，单桩极限承载力特征值 Q_{uk} =500kN，共 4 根，仅用于门厅部位，均布置在Ⓟ轴上。工程桩二的桩长 18m，由两节 9m 的桩连接而成；桩端持力层为 8-1 层粉质黏土，桩身进入持力层 1.2m。

⊕为试桩，共 3 根，桩身设计参数与工程桩一完全相同。

三种桩的桩顶标高及桩端进入持力层的要求可参照剖面详图（图 3-13）确定。三种桩的桩顶相对标高均为 -2.150m，比承台底面标高（或垫层顶面标高）高出 50mm，即为桩顶嵌入承台的高度。

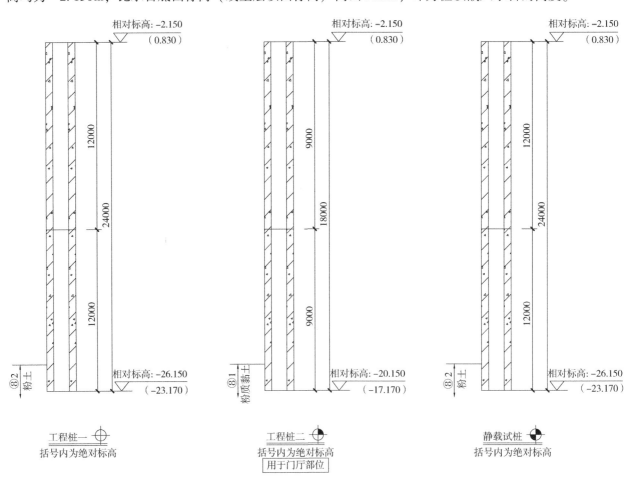

图 3-13　工程桩桩身详图

受运输、吊装等环节的限制，预制桩单节桩长不能太长，所以三种工程桩均由两节组成，需进行接桩施工。根据设计说明，接桩方法可参照结构设计标准图集《预应力混凝土管桩》（10G409）第 40 页

"接头焊接连接详图"施工。

根据《预应力混凝土管桩技术标准》（JGJ/T 406—2017）的规定，管桩与承台连接时，桩顶嵌入承台内的长度宜为50～100mm，并应采用桩顶填芯混凝土内插钢筋与承台连接的方式。对于没有截桩的桩顶，可采用桩顶填芯混凝土内插钢筋和在桩顶端板上焊接钢板后焊接锚筋相结合的方式。如已截桩，桩顶与承台连接可参照《预应力混凝土管桩》（10G409）第42页详图施工，具体做法如图3-14所示。其中钢筋①为锚固钢筋，下部插入填芯混凝土内，顶部预留长度应满足受拉钢筋锚固长度 l_a 或受拉钢筋抗震锚固长度 l_{aE} 的要求；②为通过管桩截面中心，沿圆周均匀布置的径向钢筋；③为填芯混凝土内布置的箍筋。

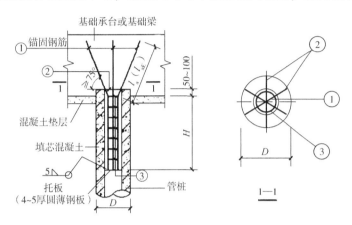

图3-14 截桩桩顶与承台连接详图

2. 某办公楼工程灌注桩施工详图

上述住宅工程采用的是PRC桩，属于预制桩。除了预制桩，灌注桩在工程中应用也很广泛。采用灌注桩基础的基础平面图与桩位平面图的表达形式、识读方法与预制桩基本相同，这里着重介绍灌注桩详图的图纸内容和识读方法。

某办公楼，地上四层为钢筋混凝土框架结构体系，地下一层为车库，采用钢筋混凝土板柱结构体系。基础采用梁板式筏形基础＋独立承台＋钻孔灌注桩的形式。承台分为单桩承台、两桩承台、三桩承台、四桩承台等几种。工程桩和试桩各有两种，图3-15为该工程灌注桩详图。

详图由四部分组成：桩身配筋详图，桩身剖面图，桩表和设计说明。工程桩有桩1和桩2两种。为验证桩的承载能力，在正式施工前需要单独施工试桩并进行单桩静载荷试验。由于静载试验在基坑开挖前进行，需要将试桩引出至地面。因此，每一种桩的工程桩和试桩的桩端标高一致，而桩顶标高不同。在施工试桩时，需要首先确定试桩位置的自然地坪标高以确定钢筋笼的制作长度。

以工程桩1为例，桩顶的相对标高为－6.200m，桩端的相对标高为－20.200m，设计桩长为14.0m。为了保证桩顶混凝土达到设计强度，《建筑桩基技术规范》（JGJ 94—2008）规定：灌注桩水下灌注混凝土时，超灌高度宜为0.8～1.0m，即成桩后的桩身混凝土顶面应高出设计标高800～1000mm。承台施工前应剔除超灌混凝土至设计标高，同时保留剔出的纵向钢筋锚固入承台。就本工程而言，设计要求成桩后的桩身混凝土顶面标高应高于设计标高800mm，即施工完毕桩顶混凝土的相对标高不应低于－5.400m，桩身纵向钢筋长度也要满足锚固要求。

桩身钢筋由三部分组成：纵向受力钢筋、螺旋箍筋和加劲箍筋，其中焊接封闭加劲箍筋沿桩全长设置，间距2000mm，其作用是便于钢筋笼加工成型，同时增大钢筋笼的刚度，防止吊装时钢筋笼发生变形。由A—A、B—B、C—C剖面图可知，根据桩身纵向钢筋或箍筋配筋变化情况，工程桩1的桩身可划分为L1、L2、L3三部分，桩表列出了三个部分的长度。L1部分为桩顶箍筋加密区，长度为3000mm，纵向受力钢筋为10 ⌀16，箍筋为⌀8@100；L2部分长度为5000mm，纵筋不变，箍筋调整为⌀8@200；L3为桩端部分，长度为6000mm，纵筋调整为5 ⌀16，箍筋仍为⌀8@200。在上部结构荷载的作用下，桩身

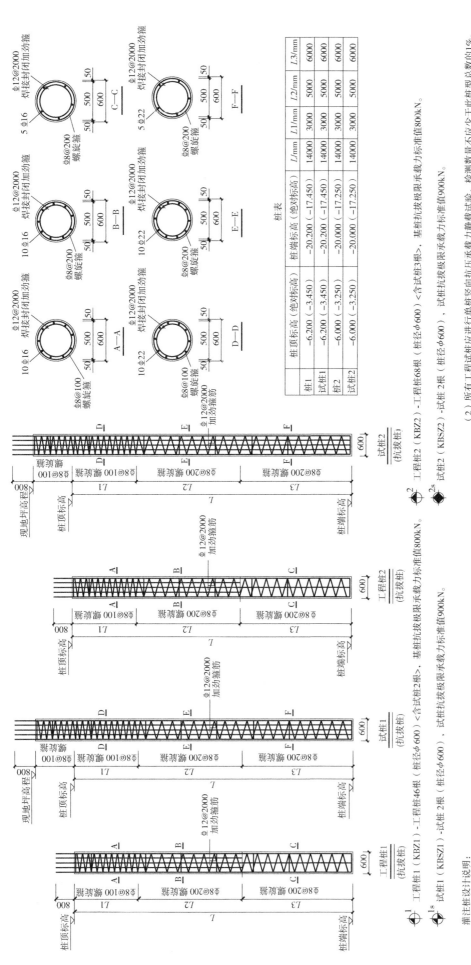

图3-15　某办公楼工程桩基础详图

受力从桩顶到桩端逐渐减小，因此对桩身配筋也进行了相应调整，施工时一定要搞清楚钢筋变化的位置以及钢筋数量、间距的变化。

第五节　柱平法施工图

柱平法施工图是在柱平面布置图上采用截面注写方式或列表注写方式所绘制的，用来表达柱的截面尺寸、空间位置和配筋情况的图样。

一、柱施工平面图内容

柱施工平面图包括以下主要内容：

（1）图名和比例。

（2）定位轴线编号及间距尺寸。

（3）柱的编号、平面布置、柱截面对轴线的偏心情况。

（4）每一种编号柱的标高、截面尺寸、纵向钢筋和箍筋的配置情况。

（5）必要的设计说明。

柱平法施工图有截面注写和列表注写两种方式。

二、柱施工平面图识读步骤

（1）查看图名、比例。

（2）校核轴线编号及间距尺寸，要求必须与建筑施工图、基础平面图一致。

（3）与建筑施工图对照，明确各柱的编号、数量和位置。

（4）阅读结构设计总说明及分页图纸的设计说明，明确柱的混凝土强度等级。

（5）根据各柱的编号，查看图中截面标注或柱表，明确柱的标高、截面尺寸和配筋情况。

（6）根据抗震等级、设计要求和标准构造详图确定纵向钢筋和箍筋的构造要求，如纵向钢筋连接方式、连接位置，搭接长度，弯折要求，柱顶锚固要求，箍筋加密区的范围等。

（7）结构设计总说明和各页图纸设计说明的其他要求。

三、柱钢筋排布构造基本要求

1. 框架柱纵向钢筋连接位置

由于框架柱是分层施工的，因此其纵向钢筋需要进行接长。接长的方法有搭接连接、焊接连接和机械连接。图 3-16 为框架柱纵向钢筋采用机械连接和焊接连接时连接位置示意图。图中 h_c 为柱截面长边尺寸（圆柱为直径），H_n 为所在楼层的柱净高。方括号内数值适用于嵌固部位。具体要求如下：

（1）框架柱纵向钢筋应贯穿中间节点，不应在中间各层节点内截断，钢筋接头应设在节点核心区以外。

（2）框架柱纵向钢筋连接接头应避开柱端箍筋加密区（图 3-17），当无法避开时，应采用接头等级为Ⅰ级或Ⅱ级的机械连接，且钢筋接头面积百分率不宜大于 50%。

（3）柱相邻纵向钢筋连接接头应相互错开，位于同一连接区段纵向钢筋接头面积百分率不宜大于 50%。

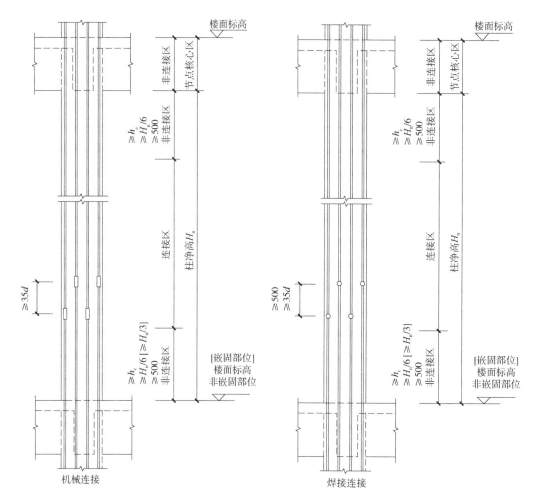

图 3-16　框架柱纵向钢筋连接位置示意图

机械连接　焊接连接

2. 框架柱箍筋加密区范围

框架柱箍筋加密区范围如图 3-17 所示。框架柱的箍筋加密区长度，应取柱截面长边尺寸（或圆形截面直径）、柱净高的 1/6 和 500mm 中的最大值；一、二级抗震等级的角柱应沿柱全高加密箍筋；底层柱根箍筋加密区长度应取不小于该层柱净高的 1/3。

四、截面注写方式及工程实例

1. 基本规定

截面注写方式，是在柱平面布置图上，分别在同一编号的柱中选择一个截面，以直接注写截面尺寸和配筋具体数值的方式来表达柱平法施工图。具体做法是按另一种比例在原位或其他位置放大绘制柱截面配筋图，并在各配筋图上继其编号后再注写截面尺寸 $b \times h$、角筋或全部纵筋（当纵筋采用一种直径且能够图示清楚时）、箍筋的具体数值，并在柱截面配筋图上标注柱截面与轴线关系 b_1、b_2、h_1、h_2 的具体数值。b_1、b_2、h_1、h_2 的意义见图 3-18，表示框架柱截面与两个方向轴线的位置关系（偏移关系），可以看作框架柱的定位尺寸。图中水平方向为字母轴线，竖直方向为数字轴线。

当纵筋采用两种直径时，需再注写截面各边中部筋的具体数值（对于采用对称配筋的矩形截面柱，可仅在一侧注写中部筋，对称边省略不注）。

以下结合两个工程实例，说明截面注写方式绘制的框架柱平法施工图的识读方法。

2. 工程实例一

某中学教学楼为钢筋混凝土框架结构。图 3-19 为截面注写方式表达的该工程框架柱平法施工图。从

图中可以了解以下内容:

由图样右侧"结构层楼面标高　结构层高"表可知,该教学楼共四层,本页图纸表达的框架柱的标高范围从 4.450m 到 12.450m,即二、三两层,两层层高均为 4.0m。

由结构设计总说明可知,柱的混凝土强度等级均为 C35。

二、三两层高度范围内框架柱共 5 种类型,总数为 23 根。根据设计说明,未注明的框架柱为 KZ2-1,共 3 根;KZ2-2 共 6 根;KZ2-3 共 4 根;KZ2-4 共 6 根;KZ2-5 共 4 根。

(1) 柱的截面与定位

先来看柱截面的尺寸,KZ2-1 截面尺寸 $b \times h$ 为 700×800,b 为与字母轴平行的柱边长度,h 为与数字轴平行的柱边长度。其他柱的截面尺寸:KZ2-2 为 700×800;KZ2-3 为 900×800;KZ2-4 为 800×800;KZ2-5 为 550×500。

再来看柱子的位置,每根柱的四个定位尺寸是在平面图中给出的,施工放线时需要利用 b_1、b_2、h_1、h_2 这四个参数确定柱的具体位置。以③×ⓒ轴 KZ2-1 为例,$b_1 = b_2 = 350mm$,$h_1 = 350mm$、$h_2 = 450mm$,表示该柱截面关于③轴是对称的,即轴线③是居中的;而对于ⓒ轴,柱中心向下偏移了 50mm。

根据设计说明,未注明定位参数的框架柱均轴线居中。如对⑤×Ⓐ轴 KZ2-2,未标注 b_1、b_2 数值,说明轴线⑤是居中的,即 $b_1 = b_2 = 350mm$。

(2) 柱的配筋

框架柱的配筋包括纵向受力钢筋(俗称主筋、纵筋)和箍筋。

纵向受力钢筋布置一般有两种方式:一是全部纵筋直径相同;二是纵筋有两种直径。

纵筋标注时,应将角筋和中间筋分别标注。集中标注出四根角筋直径;中间筋分别标注在对应的截面宽度 b 和高度 h 方向,对于采用对称配筋的矩形柱,可仅在一侧注写中部钢筋,对称边省略不写。

图 3-19 中,KZ2-1、KZ2-2 纵筋有两种直径。其余框架柱,纵筋只有一种规格。五种框架柱均采用对称配筋的方式,因此仅在一侧注写了中部钢筋,对称边不再标注。

各类型柱箍筋的直径、间距、肢数和组合形式已经在柱截面中注写并绘出。根据设计说明,所有角柱、楼梯间柱及柱净高与柱长边尺寸之比小于或等于 4 的柱子,箍筋均在本层范围内通高加密。如对于角柱 KZ2-3、KZ2-4,通高范围内箍筋间距都是 100mm,均为加密区。

3. 工程实例二

当纵筋直径全部相同时,除了按图 3-19 的方式分别标注角筋和中间筋外,还可以在集中标注中直接给出所有纵筋的数量和直径。

图 3-20 为某框架结构柱平法施工图。由图样左侧"结构楼层楼面标高　结构层高"表可知,该框架结构地上 16 层,地下 2 层。本页图纸表达的是从 19.470 到 37.470 标高范围,即 6~10 层框架柱的截面和配筋信息。

图中共有五种柱,即框架柱 KZ1、KZ2、KZ3、梁上柱 LZ1 和芯柱 XZ1。其中 KZ2、KZ3、LZ1、XZ1

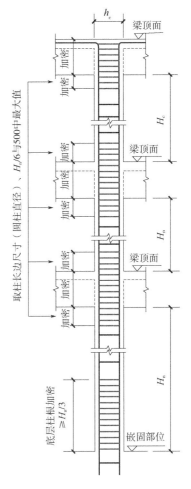

图 3-17　框架柱箍筋加密区范围

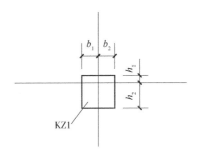

图 3-18　柱截面与轴线关系示意

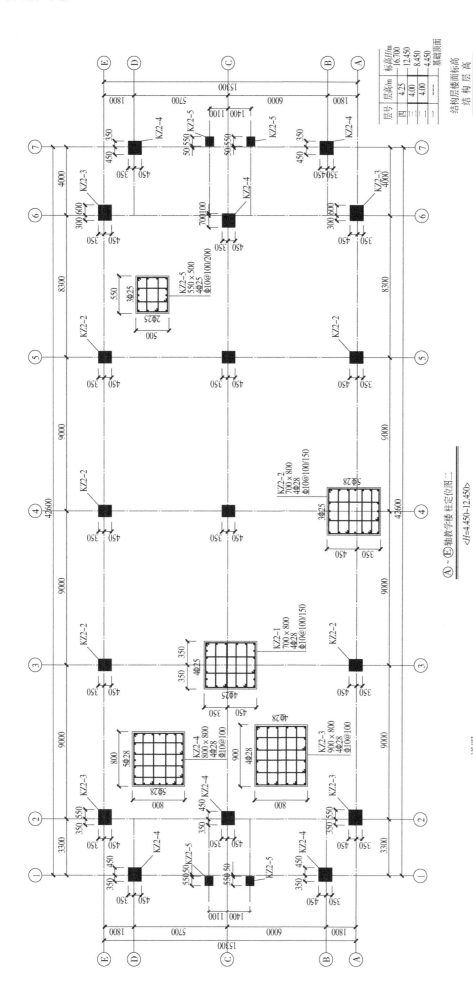

图3-19 某中学教学楼框架柱平法施工图（截面注写方式）

说明：
1. 未注明的框架柱定位均为轴线居中。
2. 未注明的框架柱均为 KZ2-1。
3. 所有角柱、楼梯间柱及柱净高与柱长边尺寸之比小于或等于4的柱子，箍筋均在本层层高范围内通高加密。

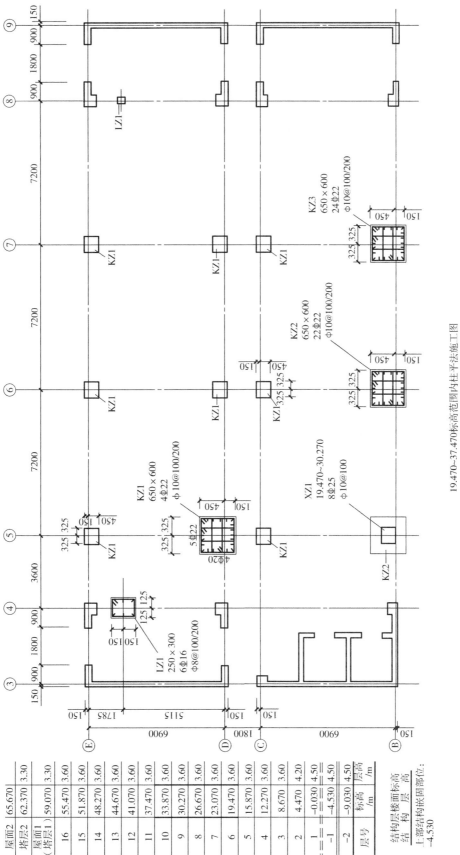

19.470~37.470标高范围围内柱平法施工图

图3-20 某工程柱平法施工图（截面注写法）

结构层楼面标高结构层高		
屋面2	65.670	
塔层2	62.370	3.30
屋面1（塔层1）	59.070	3.30
16	55.470	3.60
15	51.870	3.60
14	48.270	3.60
13	44.670	3.60
12	41.070	3.60
11	37.470	3.60
10	33.870	3.60
9	30.270	3.60
8	26.670	3.60
7	23.070	3.60
6	19.470	3.60
5	15.870	3.60
4	12.270	3.60
3	8.670	4.20
2	4.470	4.50
1	-0.030	4.50
-1	-4.530	4.50
-2	-9.030	
层号	标高 /m	层高 /m

上部结构嵌固部位：
-4.530

四种柱的纵筋均只有一种规格，所以图中直接给出了所有纵筋的数量和直径，这种情况下要注意分辨清楚 b、h 两个方向中部配筋的数量，严格按照截面配筋图施工。

五、列表注写方式及工程实例

1. 基本规定

列表注写方式，是在柱平面布置图上（一般只需采用适当比例绘制一张柱平面布置图，包括框架柱、框支柱、梁上柱和剪力墙上柱等），分别在同一编号的柱中选择一个（有时需要选择几个）截面标注几何参数或几何参数代号；在柱表中注写柱编号、柱段起止标高、几何尺寸（含柱截面对轴线的偏心情况）与配筋的具体数值，并配以各种柱截面形状及其箍筋类型图的方式，来表达柱平法施工图。列表注写方式的具体内容如下：

（1）各段柱的起止标高

自柱根部往上以变截面位置或截面未变但配筋改变处为界分段注写。对于框架柱，根部标高系指基础顶面标高。

（2）柱截面尺寸及与轴线的关系

对于矩形柱，须注写柱截面尺寸 $b \times h$ 及与定位尺寸 b_1、b_2、h_1、h_2 的具体数值（b_1、b_2、h_1、h_2 的尺寸也可直接在平面图中注明），应对应于各段柱分别注写。其中 $b = b_1 + b_2$，$h = h_1 + h_2$。当截面的某一边收缩变化至与轴线重合或偏到轴线的另一侧时，b_1、b_2、h_1、h_2 中的某项可为零或负值。

对于圆柱，表中 $b \times h$ 一栏改用在圆柱直径数字前加 d 表示。为方便表达，圆柱截面与轴线的关系也用 b_1、b_2、h_1、h_2 表示，并使 $d = b_1 + b_2 = h_1 + h_2$。

（3）纵筋信息

当柱纵筋直径相同，各边根数也相同时（包括矩形柱、圆柱和芯柱），将纵筋注写在"全部纵筋"一栏中；除此之外，柱纵筋分角筋、截面 b 边中部筋和 h 边中部筋三项分别注写（对于采用对称配筋的矩形截面柱，可仅注写一侧中部筋，对称边省略不注；对于采用非对称配筋的矩形截面柱，必须在每侧均注写中部筋）。

（4）箍筋信息

注写箍筋类型号及箍筋肢数，在箍筋类型栏内注写箍筋类型号与肢数。

用斜线"/"区分柱端箍筋加密区与柱身非加密区长度范围内箍筋的不同间距。施工时需根据标准构造详图的规定，如图3-17所示，在规定的几种长度值中取其最大者作为加密区长度。当框架节点核心区内箍筋与柱端箍筋设置不同时，应在括号中注明核心区箍筋的直径及间距。当箍筋沿柱全高为一种间距时，则不使用"/"线。当圆柱采用螺旋箍筋时，须在箍筋前加"L"。

2. 工程实例一

图3-21为某工程采用列表注写方式表达的柱平法施工图。图3-21与图3-20表达的是同一个工程的框架柱信息，但是表达方式不同，图3-20采用的是截面注写方式。

（1）柱的截面与定位

在图3-21中，柱平面布置图上分别在同一编号的柱中选择一个截面，标注了定位尺寸 b_1、b_2、h_1、h_2。而在柱表中注写了柱编号、柱段起止标高、几何尺寸 $b \times h$ 及 b_1、b_2、h_1、h_2 的具体数值。如对于 KZ1，根据截面大小和配筋变化情况，可划分为四个标高区段进行注写。

从柱表中可以看出，从 -1 层到第 5 层（对应标高 -4.530 ~ 19.470），高度范围内柱截面大小相同，都是 750mm×700mm；第 6 层到第 10 层（对应标高 19.470 ~ 37.470），柱截面减小为 650mm×600mm；第 11 层到第 16 层（对应标高 37.470 ~ 59.070），柱截面尺寸进一步减小到 550mm×500mm。

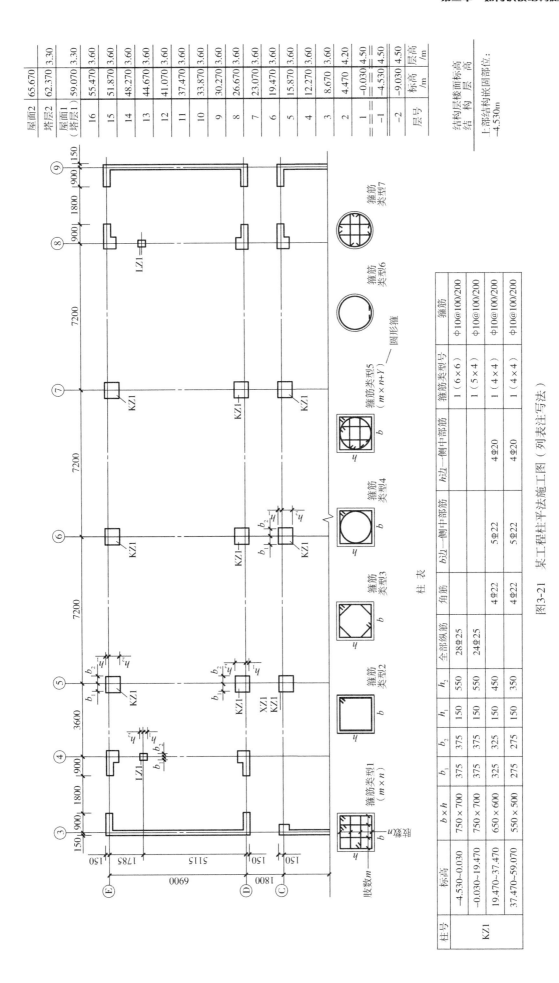

层号	标高/m	层高/m
屋面2	65.670	
塔层2	62.370	3.30
屋面1(塔层1)	59.070	3.30
16	55.470	3.60
15	51.870	3.60
14	48.270	3.60
13	44.670	3.60
12	41.070	3.60
11	37.470	3.60
10	33.870	3.60
9	30.270	3.60
8	26.670	3.60
7	23.070	3.60
6	19.470	3.60
5	15.870	3.60
4	12.270	3.60
3	8.670	3.60
2	4.470	4.20
1	-0.030	4.50
-1	-4.530	4.50
-2	-9.030	4.50

结构层楼面标高
结构层高
上部结构嵌固部位：-4.530m

柱 表

柱号	标高	b×h	b_1	b_2	h_1	h_2	全部纵筋	角筋	b边一侧中部筋	h边一侧中部筋	箍筋类型号	箍筋
KZ1	-4.530~-0.030	750×700	375	375	150	550	28Φ25				1(6×6)	Φ10@100/200
	-0.030~19.470	750×700	375	375	150	550	24Φ25				1(5×4)	Φ10@100/200
	19.470~37.470	650×600	325	325	150	450		4Φ22	5Φ22	4Φ20	1(4×4)	Φ10@100/200
	37.470~59.070	550×500	275	275	150	350		4Φ22	5Φ22	4Φ20	1(4×4)	Φ10@100/200

图3-21 某工程柱平法施工图（列表注写法）

随着截面变化，柱截面相对于两个方向轴线的偏移量也发生相应变化，但是有一定的规律，即始终保持 $b_1 = b_2$；$h_1 = 150mm$，h_2 逐渐减小。表明对于 KZ1，数字轴始终保持居中，字母轴与一侧柱边的距离 h_1 保持不变。需要注意的是，①轴上 KZ1 定位参数 h_1 在下，h_2 在上，与ⓒ轴、ⓔ轴相反。

（2）柱的配筋

纵筋的表示方法有两种：

1）当纵筋直径都相同，可以仅在全部纵筋一栏中标注；–4.530～19.470 高度范围内主筋配置属于这一种情况。

2）当纵筋有两种直径时，则需要分别填注角筋、b 边一侧中部筋、h 边一侧中部筋等三项内容，19.470～59.070 高度范围内主筋配置属于这种情况。

根据柱表，从 –4.530 到 59.070 标高范围内，KZ1 纵筋配筋进行了两次调整，一共有三种形式。–4.530～–0.030 标高范围，全部配筋为 28 ⌀25；–0.030～19.470 标高范围调整为 24 ⌀25；19.470～59.070 标高范围配筋进一步调整为：4 ⌀22（角筋）＋10 ⌀22（b 边中部配筋）＋8 ⌀20（h 边中部配筋）。

对于箍筋，需要搞清以下信息，一是箍筋的级别、直径、加密区与非加密区的间距；二是箍筋的布置形式，即箍筋在平行 h 和 b 两个方向的肢数。由柱表中数据可知，KZ1 全高范围内箍筋为⌀10@100/200，表示箍筋采用 HPB300 钢筋，直径 10mm，加密区间距 100mm，非加密区间距 200mm。b、h 两个方向的箍筋肢数随纵筋数量变化进行相应调整，如对于 –0.030～19.470 高度范围内，箍筋肢数为 5×4，表示平行于数字轴方向箍筋肢数为 5，平行于字母轴方向箍筋肢数为 4。箍筋复合方式可参照 16G101-1 第 70 页构造详图，如图 3-22 所示。

综上，在读取柱的信息时，一定要掌握柱截面大小、主筋以及箍筋沿高度的变化规律，准确判定分界点的标高，并采取满足规范和设计要求的构造做法。如对于框架柱变截面位置，其纵向钢筋构造做法和要求可参考 16G101-1 及 18G901-1 的有关内容。如查阅 16G101-1 第 68 页，根据

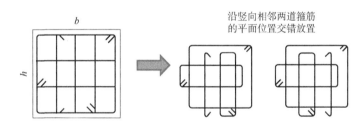

图 3-22 5×4 箍筋复合方式

柱截面相对于轴线的位置关系及截面尺寸变化量的大小，可采用相应的构造做法，如图 3-23 所示。

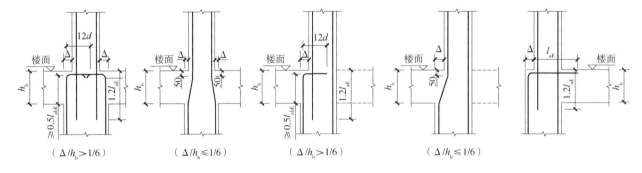

图 3-23 柱变截面位置纵向钢筋构造

3. 工程实例二

表 3-18 为某工程框架柱 KZ1 的截面及配筋信息表，从左至右各栏表示对应不同高度范围的柱截面信息。表格第二行综合采用截面注写方式说明截面尺寸和纵筋的配筋信息；第三行表明所对应柱的高度范围；第四行列出全部纵筋，可与第二行截面标注内容对照识读；第五行列出柱箍筋的等级、直径以及平行于 b、h 两个方向的箍筋肢数。

从表中数值可看出，随着标高的增加，KZ1 柱截面逐渐减小。纵筋配筋方面，除了基础顶~ - 7.100m 和 76.600 ~ 顶两个标高范围纵筋有两种直径外，其他标高范围内纵筋都采用同一种直径；另外需要注意的是，76.600 ~ 顶范围内柱 b 和 h 边配置的纵筋不相同，而其他标高范围内的柱，b 边和 h 边纵筋均相同。箍筋方面，箍筋都是直径12mm 的 HRB400 钢筋，双向配置6 肢箍或 7 肢箍。

表 3-18 实质上是将列表注写和截面注写两种方式有机结合起来，使柱配筋信息表达得更为清楚、直观，基于这个优点，很多工程都开始采用这种表达方式。

表3-18　某工程框架柱平法施工图柱表

编号	KZ1						
截面							
标高	基础顶~-7.100	-7.100~±0.000	±0.000~19.000	19.000~36.600	36.600~63.400	63.400~76.600	76.600~顶
纵筋	4Φ25+36Φ22	40Φ25	36Φ25	32Φ25	28Φ25	24Φ25	4Φ32+26Φ25
箍筋	Φ12@100(7×7)	Φ12@100(7×7)	Φ12@100(7×7)	Φ12@100(7×7)	Φ12@100(6×6)	Φ12@100(6×6)	Φ12@100(6×6)

第六节　梁平法施工图

一、梁平法施工图概述

梁平法施工图系在梁平面布置图上采用平面注写或截面注写方式表达梁的截面、配筋和标高等信息。梁平法施工图的主要内容包括：图名和比例；定位轴线、编号和间距尺寸；梁的编号和平面布置；每种编号梁的截面尺寸、配筋情况和标高。

1. 平面注写方式与截面注写方式

平面注写方式系在梁平面布置图上，分别在不同编号的梁中各选一根梁，在其上注写截面尺寸和配筋具体数值的方式来表达梁平法施工图。

截面注写方式系在分层绘制的梁平面布置图上，分别在不同编号的梁中各选择一根梁用剖面号引出配筋图，并在其上注写截面尺寸和配筋具体数值的方式来表达梁平法施工图。在梁平法施工图的平面图中，当局部区域的梁布置过密时，可以采用截面注写方式表达。当表达异形截面梁的尺寸与配筋时，用截面注写方式也是比较方便的。在截面配筋详图上注写截面尺寸 $b×h$、上部筋、下部筋、侧面构造筋或受扭筋以及箍筋的具体数值时，其表达形式与平面注写方式相同。

2. 集中标注与原位标注

平面注写方式包括集中标注与原位标注两部分内容，集中标注表达梁的通用数值，原位标注表达梁的特殊数值，即与集中标注不同的数值。当集中标注中的某项数值不适用于梁的某部位时，则将该项数值进行原位标注。施工时，原位标注取值优先。如梁的某部位有原位标注，则按原位标注取值；如无原位标注，则按集中标注取值。

3. 平法表示方法与传统表示方法

在采用梁的平法表达方式之前，梁的截面和钢筋信息采用传统方法表示。以某框架梁为例，图 3-24a 为采用平面注写方式表达的梁的基本信息；图 3-24b 为采用传统表示方法绘制的四个梁截面的尺寸和配筋信息。图 3-24a、b 所表达的为相同的内容。实际采用平面注写方式表达时，不需绘制图 3-24b 中梁截面配筋图和图 3-24a 中的相应截面号。

二、平面注写方式的一般规定

1. 集中标注的内容

梁的集中标注可以从梁的任意一跨引出，内容依次为：①梁的编号，②梁截面尺寸，③梁箍筋，④梁上部通长筋或架立筋，⑤梁侧面纵向构造钢筋或受扭钢筋，⑥梁顶面标高高差。其中前 5 项为必注值，第⑥项为选注值，仅用于梁相对于结构层楼面有高差时。

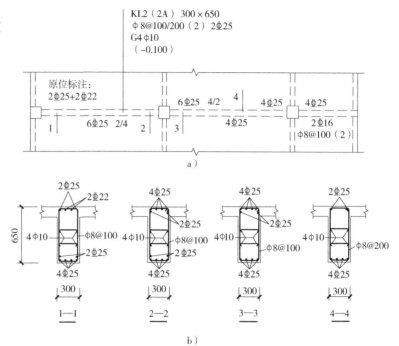

a)

b)

图 3-24 平面注写与传统表示方法的对比

a) 平面注写方式 b) 传统表示方式

（1）梁编号

梁编号由梁类型代号、序号、跨数及有无悬挑代号等几项组成。常用的梁类型代号有：KL 表示楼层框架梁；KBL 表示楼层框架扁梁；WKL 表示屋面框架梁；KZL 表示框支梁；TZL 表示托柱转换梁；L 表示非框架梁；XL 表示悬挑梁；JZL 表示井字梁。如 KL7（5A）表示第 7 号框架梁，5 跨，一端有悬挑；L9（7B）表示第 9 号非框架梁，7 跨，两端有悬挑。

（2）梁截面尺寸

当为等截面梁时，用 $b \times h$ 表示；当有悬挑梁且根部和端部的高度不同时，用斜线分隔根部与端部的高度值，即为 $b \times h_1/h_2$，如图 3-25 所示。

当为竖向加腋梁时，用 $b \times h$　Y$c_1 \times c_2$ 表示，其中 c_1 为腋长，c_2 为腋高，如图 3-26 所示。

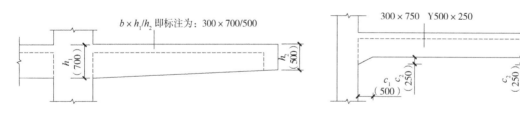

图 3-25 悬挑梁不等高截面注写示意

图 3-26 竖向加腋截面注写示意

当为水平加腋梁时，一侧加腋时用 $b \times h$　PY$c_1 \times c_2$ 表示，其中 c_1 为腋长，c_2 为腋宽；加腋部位应在平面图中绘制，如图 3-27 所示。

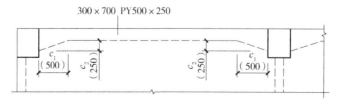

图 3-27 水平加腋截面注写示意

（3）梁箍筋

梁箍筋信息包括钢筋级别、直径、加密区与非加密区间距及肢数。其中箍筋加密区与非加密区的不同间距及肢数用斜线"/"分隔，当梁箍筋为同一种间距及肢数时，则不需要斜线；当加密区与非加密区的箍筋肢数相同时，仅需将肢数注写一次；箍筋肢数应写在括号内。

例如，φ10@100/200（4），表示箍筋为HPB300钢筋，直径为10mm，加密区间距为100mm，非加密区间距为200mm，均为四肢箍；再如φ10@100（4）/150（2），表示箍筋为HRB400钢筋，直径为10mm，加密区间距为100mm，四肢箍；非加密区间距为150mm，二肢箍。

非框架梁、悬挑梁、井字梁采用不同的箍筋间距及肢数时，也用斜线"/"将其分隔开。注写时，先注写梁支座端部的箍筋，包括箍筋的箍数、钢筋级别、直径、间距与肢数；在斜线后注写梁跨中部分的箍筋间距及肢数。

例如，13φ10@150/200（4），表示箍筋为HPB300钢筋，直径为10mm；梁的两端各有13个四肢箍，间距为150mm；梁跨中部分箍筋间距为200mm，四肢箍。再如18φ12@150（4）/200（2）表示箍筋为HRB400钢筋，直径为12mm，梁的两端各有18个四肢箍，间距为150mm；梁跨中部分，箍筋间距为200mm，双肢箍。

（4）上部通长筋或架立筋

标注梁上部通长筋或架立筋时，当同排纵向钢筋中既有通长筋又有架立筋时，通长筋和架立筋用"＋"相连，角部通长筋写在加号的前面，架立筋写在加号后面的括号内。当全部采用架立筋时，将其全部写在括号内。

如2φ22＋（4φ12）用于六肢箍，其中2φ22为通长筋，4φ12为架立筋。

当梁的上部纵筋和下部纵筋为全跨相同，且多数跨配筋相同时，此时可加注下部纵筋的配筋值，用分号"；"将上部纵筋和下部纵筋的配筋值分隔开，少数跨不同者，可进行原位标注。

如3φ22、3φ20表示梁的上部配置3φ22的通长筋，梁的下部配置3φ20的通长筋。

（5）侧面纵向构造钢筋或受扭钢筋

当梁腹板高度 $h_w \geqslant 450$mm 时，需配置纵向构造钢筋。注写纵向构造钢筋时，以大写字母G开头，其后注写设置在梁两个侧面的总配筋值，施工时须在两侧面对称配置，每侧数量为总配筋值的一半。

如G4φ12表示梁的两个侧面共配置4φ12的纵向构造钢筋，每侧各配置2φ12。

当梁侧面需配置受扭纵向钢筋时，以大写字母N开头，其后注写设置在梁两个侧面的总配筋值，施工时同样须在两侧面对称配置。

如N6φ22，表示梁的两个侧面共配置6φ22的受扭纵向钢筋，每侧各配置3φ22。

（6）梁顶面标高高差

梁顶面标高高差，是指相对于结构层楼面标高的高差值，单位为m。有高差时，需将其写入括号内，无高差时不注。

如某结构标准层的楼面标高分别为44.950m和48.250m，当这两个标准层中某梁的梁顶面标高高差注写为（－0.050）时，即表明该梁顶面标高分别相对于44.950m和48.250m低了0.05m，即分别为44.900m和48.200m。

根据上述规定，图3-24中梁的集中标注内容和相应含义可参见表3-19。

表3-19　梁集中标注内容及含义

标注内容	含义
KL2（2A）300×650	框架梁KL2，2跨连续梁，一端有悬挑；梁截面尺寸为300mm×650mm
φ8@100/200（2）2φ25	箍筋采用HPB300，直径为10mm，加密区间距为100mm，非加密区间距为200mm，双肢箍；上部配置2根直径25mm的HRB400通长钢筋

（续）

标注内容	含义
G4Φ10	梁的两侧各配置 2 根直径 10mm 的 HPB300 钢筋作为纵向构造钢筋
（-0.100）	梁的顶面标高比结构层的楼面标高低 0.100m

2. 原位标注的内容

梁的原位标注的作用有三个：一是直接在图中梁的上部、下部相应部位注写梁的纵筋信息；二是当集中标注的内容不适用于某跨或某悬挑部分时，在对应的位置原位标注适用于该部位的数值，施工时按原位标注值取用；三是标注附加箍筋或吊筋的信息。

（1）梁支座上部钢筋

在集中标注中标注了上部通长筋，而在原位标注中，需要注明梁支座上部包括通长筋在内的全部纵筋。

1）当上部纵筋多于一排时，用斜线"/"将各排纵筋自上而下分开。

如支座上部纵筋注写为 6Φ25 4/2，表示上一排纵筋为 4Φ25；下一排纵筋为 2Φ25。

2）当同排纵筋有两种直径时，用加号"+"将两种直径的纵筋相连，注写时将角部纵筋写在前面。

如梁支座上部有四根纵筋，2Φ25 放在角部，2Φ22 放在中部，在梁支座上部应注写为 2Φ25 + 2Φ22。

又如某实际工程施工图中，框架梁 KLD 的集中标注如下：

KLD（4）350×700

Φ8@100/200（4）

2Φ25 +（2Φ12）

N4Φ14

梁平法施工图中，在某支座处对 KLD 上部纵筋进行了原位标注，配筋值为 4Φ25，其实际配筋则如图 3-28 所示，支座上部纵筋为 4Φ25，其中两根为角部通长筋；中间两根纵筋到距支座 1/3 跨部位截断，与 2Φ12 架立筋搭接连接，这样就能保证上部有四根纵筋，可以满足配置四肢箍的构造要求。

3）当梁中间支座两边的上部纵筋不同时，须在支座两边分别标注；当梁中间支座两边的上部纵筋相同时，可仅在支座的一边标注配筋值，另一边省去不注，如图 3-29 所示。

图 3-28　梁上部通长纵筋与架立钢筋

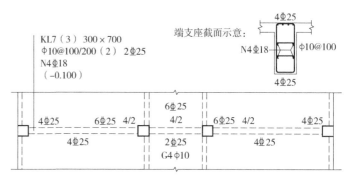

图 3-29　梁中间支座两边上部纵筋的注写示例

（2）梁下部纵筋

1）当梁下部纵筋不全部伸入支座时，此时须将梁支座下部纵筋减少的数量写在括号内。

如梁下部纵筋注写为 6Φ25 2（-2）/4，表示上排纵筋为 2Φ25，且不伸入支座；下一排纵筋为 4Φ25，全部伸入支座。

梁下部纵筋注写为 2Φ25 + 3Φ22（-3）/5Φ25，表示上排纵筋为 2Φ25 和 3Φ22，其中 3Φ22 不伸入支座，下一排纵筋为 5Φ25，全部伸入支座。

2）当梁的集中标注中分别注写了梁上部和下部均为通长的纵筋值时，则不需要再在梁下部重复做原位标注。

（3）集中标注不适用某部位时的原位标注

当在梁上集中标注的内容，即梁截面尺寸、箍筋、上部通长筋或架立筋，梁侧面纵向构造钢筋或受扭纵向钢筋，以及梁顶面标高高差中五项内容中的一项或几项数值不适用于某跨或某悬挑部位时，则将其不同数值原位标注在该跨或该悬挑部位，施工时应按原位标注数值取用。

（4）附加箍筋或吊筋信息

梁的附加箍筋或吊筋，将其直接画在平面图中的主梁上，用线引注总配筋值，附加箍筋的肢数注在括号内，如图 3-30 所示。当多数附加箍筋或吊筋相同时，可在梁平法施工图上统一注明，少数与统一注明值不同时，再原位引注。

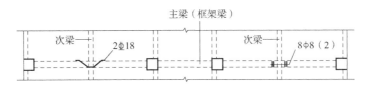

图 3-30 附加箍筋或吊筋的标注方法

附加箍筋的布置范围及附加吊筋的构造要求见图 3-31。注意在附加箍筋范围内，主梁箍筋加密区或非加密区箍筋照常设置，不允许用主梁箍筋代替附加箍筋；附加吊筋应在集中荷载位置的主梁梁宽范围内对称设置。

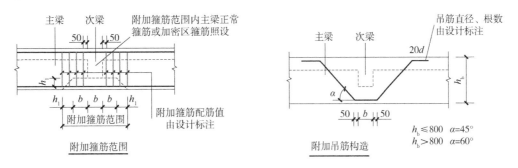

图 3-31 附加箍筋的布置范围及附加吊筋的构造要求

三、梁平法施工图的识读步骤

梁平法施工图识读可按如下步骤进行：

1）查看图名、比例。

2）校核轴线编号及其间距尺寸，必须与建筑施工图及墙、柱施工图保持一致。

3）与建筑施工图对照识读，明确梁的位置、编号和数量。

4）阅读结构设计总说明和每页图纸上的设计说明，明确梁的混凝土强度等级及其他要求。

5）按照梁的编号顺序，查阅图中平面标注或截面标注，明确梁的截面尺寸、配筋、标高等信息。

6）根据抗震等级、设计要求和标准构造详图的规定确定纵向钢筋、箍筋和吊筋的构造要求，如纵向钢筋的锚固长度、切断位置、弯折要求和连接方式、搭接长度；箍筋加密区的范围；附加箍筋、吊筋的构造等。

四、梁钢筋排布构造基本要求

1. 框架梁纵向钢筋连接范围

国家建筑标准设计图集《混凝土结构施工钢筋排布规则与构造详图》18G901-1 第 17 页对框架梁纵向钢筋连接范围作了具体规定和说明，如图 3-32 所示。跨度值 l_{ni} 为净跨长度，l_n 为支座处左跨 l_{ni} 和右跨 l_{ni+1} 之较大值。框架梁上部通长钢筋与非贯通钢筋直径相同时，纵筋连接位置宜位于跨中 $l_{ni}/3$ 范围内；框架梁上部第二排非通长钢筋从支座边伸出至 $l_n/4$ 位置处；框架梁下部钢筋宜贯穿节点或支座，可延伸至相邻跨内箍筋加密区以外连接，连接位置宜位于支座 $l_{ni}/3$ 范围内，且距离支座外边缘不应小于 $1.5h_0$；框架梁下部纵向钢筋应尽量避免在中柱内锚固，宜本着"能通则通"的原则来保证节点核心区混凝土的浇筑质量；框架梁纵向受力钢筋连接位置宜避开梁端箍筋加密区，如必须在此连接，应采用机械连接或焊接。梁的同一根纵筋在同一跨内设置连接接头不得多于 1 个，悬臂梁的纵向钢筋不得设置连接接头。

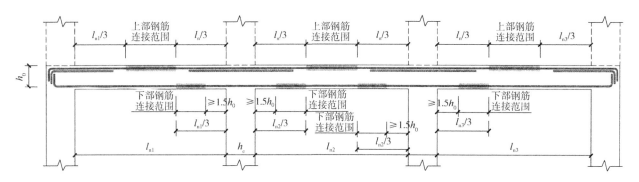

图 3-32　框架梁纵向钢筋连接示意图

2. 框架梁箍筋加密区范围

梁箍筋加密区范围也可参照相应抗震等级的标准构造详图，如根据 16G101-1 第 88 页，框架梁（KL）梁端箍筋加密区范围应按图 3-33 确定。即抗震等级为一级时，加密区长度为 2 倍梁高和 500mm 中的较大值；抗震等级为二～四级时，加密区长度为 1.5 倍梁高和 500mm 中的较大值。梁端设置的第一个箍筋距框架节点边缘不应大于 50mm。

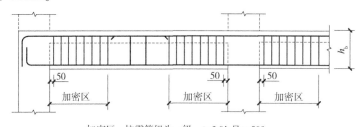

加密区：抗震等级为一级：$\geqslant 2.0h_b$ 且 $\geqslant 500$
抗震等级为二~四级：$\geqslant 1.5h_b$ 且 $\geqslant 500$

图 3-33　框架梁箍筋加密区范围

五、梁平法施工图平面注写方式实例讲解

图 3-34 为某中学教学楼二～三层梁平面图，二到三层楼盖肋梁均按本图施工。在识读梁的具体信息前，需要先核对轴线及梁的位置与建筑施工图是否一致，核对无误后才能照图施工。

1. 标高与平面定位

根据结构层楼面标高表，二层楼面标高为 8.450，三层楼面标高为 12.450。由于图中所有编号的梁未

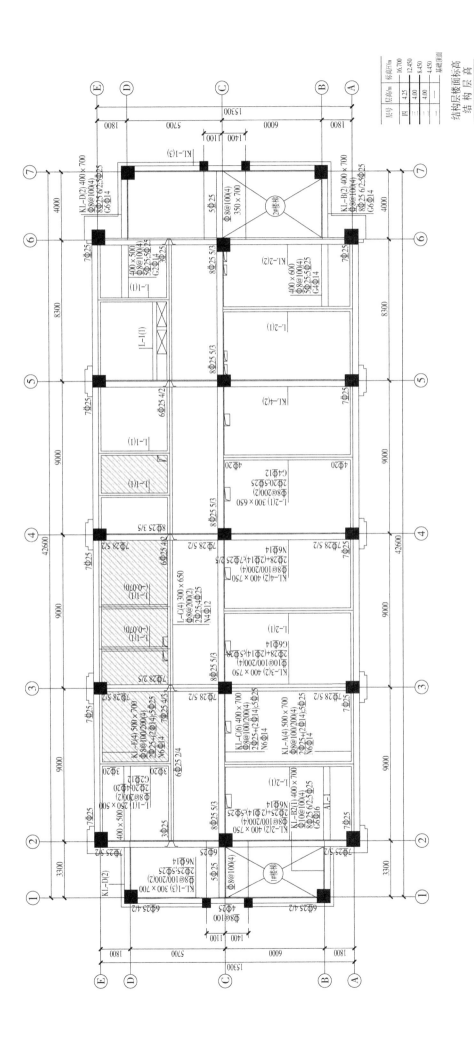

图3-34 某教学楼二~三层梁平面图

设计说明:
1. 除特殊标注外,梁截面中心居轴中心或与柱边齐。
2. 凡主次梁搭接未注明时,主梁每侧均设3根附加箍筋,直径与钢筋等级与相应梁箍筋相同,间距50mm。
3. 图中未注明的吊筋均为2Φ12。
4. 未注明的定位尺寸同首层结构平面布置图。

标注梁顶面标高高差，说明所有梁的梁顶标高与结构层楼面标高相等，即二层梁梁顶标高为 8.450，三层梁梁顶标高为 12.450。

为了提高识读效率，防止遗漏或重复，可以按先主梁、后次梁；先纵向、后横向的顺序识读梁施工平面图。如对于框架梁，先看纵轴方向，从Ⓐ轴看到Ⓔ轴；再看横轴方向，从①轴到⑦轴。通过观察不难发现，本工程框架梁是以所在轴线编号命名的，如布置在Ⓐ轴上的梁命名为 KL-A，布置在Ⓑ轴上的梁为 KL-B、KL-B2，布置在①轴上的梁命名为 KL-1。

根据本页图纸设计说明第 1 条，除特殊标注外，梁截面中心居轴中或与柱边齐平。对于图中的框架梁，除 KL-3 轴线居中布置外，其他框架梁均按一侧梁边与柱边平齐布置。因此施工时，尚应参照对应层的框架柱平法施工图（图 3-19），才能对这些梁进行平面定位。

2. 集中标注

根据图中的集中标注，每一楼层沿纵向布置的框架梁集中标注信息汇总于表 3-20。

表 3-20　沿纵向布置框架梁集中标注信息汇总

序号	梁编号	梁类型	跨数	截面大小 $b \times h$	箍筋信息		上部纵筋信息		下部通长纵筋	构造钢筋或抗扭钢筋
					加密区	非加密区	通长筋	架立筋		
1	KL-A	框架梁	4	500×700	Φ8@100 四肢箍	Φ8@200 四肢箍	2Φ25	2Φ14	5Φ25	抗扭钢筋，总共6Φ14，每侧3Φ14
2	KL-B	框架梁	2	400×700	Φ8@100，四肢箍		8Φ25，第一排6根，第二排2根	—	5Φ25	构造钢筋，总共6Φ14，每侧3Φ14
3	KL-B2	框架梁	1	400×700	Φ10@100，四肢箍		8Φ25，第一排6根，第二排2根	—	5Φ25	构造钢筋，总共6Φ14，每侧3Φ14
4	KL-C	框架梁	6	400×700	Φ8@100 四肢箍	Φ8@200 四肢箍	2Φ25	2Φ14	5Φ25	抗扭钢筋，总共6Φ14，每侧3Φ14
5	KL-D	框架梁	2	400×700	Φ8@100，四肢箍		8Φ25，第一排6根，第二排2根	—	5Φ25	构造钢筋，总共6Φ14，每侧3Φ14
6	KL-E	框架梁	4	500×700	Φ8@100 四肢箍	Φ8@200 四肢箍	2Φ25	2Φ14	5Φ25	抗扭钢筋，总共6Φ14，每侧3Φ14

通过汇总对比可以找到一些总体规律，如 KL-A 和 KL-E 位置基本对称，其集中标注、原位标注也完全相同，说明截面、配筋、标高等完全相同；而 KL-B 和 KL-D 集中标注相同，但原位标注不同，说明二者不完全相同。

3. 原位标注

这里以 KL-E 为例，说明原位标注的作用。KL-E 共 4 跨，以位于Ⓔ轴上的 5 根框架柱为支座，由于支座部位框架梁受负弯矩较大，上部纵筋配置的比较多，且与跨中不同，因此需要进行原位标注。根据原位标注，支座两侧梁上部纵筋数量均为 7Φ25，即除了通长的 2Φ25 之外，还需再配置 5Φ25。根据 16G101-1 第 4.4.1 条的规定，梁支座部位上部纵筋应从柱（梁）边起伸出至 $l_n/3$ 位置即可截断；梁跨中部位则需要按集中标注配筋，即除了从支座部位伸出的两根直径为 25mm 的 HRB400 通长筋外，还需要配置两根直径为 14mm 的 HRB400 架立筋，以满足设置四肢箍的构造要求。

再来分析 KL-B 的标注信息。KL-B 共 2 跨，其中左侧一跨进行了原位标注，说明部分参数与集中标注不一致，施工时应以原位标注为准；右侧一跨按集中标注施工。左右两跨具体施工参数见表 3-21，除了梁箍筋和梁下部通长筋相同外，其他参数均不相同。

表 3-21 KL-B 截面与配筋信息

内容	左跨（⑤~⑥轴间）（按原位标注）	右跨（⑥~⑦轴）（按集中标注）
梁截面尺寸	400×600	400×700
梁箍筋	$\Phi8@100$（4）	$\Phi8@100$（4）
梁上部通长筋	5Φ25	8Φ25 6/2
梁下部通长筋	5Φ25	5Φ25
梁侧面构造钢筋	G4Φ14	G6Φ14

类似的，KL-D 布置在①轴，即②轴左右两跨和⑥轴左右两跨。以⑥轴左右两跨为例，右侧一跨按集中标注取值，左侧一跨截面高度、上部通长钢筋数量及构造钢筋均与集中标注不同，因此对相关信息进行了原位标注，施工时按原位标注取值。

参照上述步骤 1~3，可以识读其他框架梁和非框架梁的信息。如 L-C，是布置在ⓒ轴和ⓓ轴之间的非框架梁，或叫次梁。从集中标注的信息可知，L-C 一共有四跨，以布置在②到⑥轴的框架梁为支座，因此在主次梁相交处的框架梁（主梁）上布置了附加吊筋，共设置 5 处，根据设计说明，附加吊筋均为 2Φ12，其设置构造要求可参考 16G101-1，或按本章图 3-31 施工。

对于 L-C，左侧第一跨对梁下部纵筋进行了原位标注，说明该跨下部纵筋按原位标注 6Φ25 2/4 配置，不同于集中标注的 4Φ25。

对于 L-1、L-2 等其他次梁，参照图 3-34 设计说明第 2 条执行，即凡主次梁搭接处未注明做法时，主梁每侧均设 3 根附加箍筋，间距 50mm，直径与钢筋等级同相应主梁箍筋。

六、梁平法施工图截面注写方式实例讲解

在梁平法施工图中，当局部区域的梁布置过密，采用平面注写方式排布不开时，常采用截面注写方式表达。

图 3-35 为某工程四到七层局部梁的平法施工图，采用截面注写方式表达。其中剖面 1—1、2—2 注写 L-3 的截面和配筋信息；剖面 3—3 注写 L-4 的截面和配筋信息。L-3 的截面尺寸为 300×550，左右两端分别支承在⑤轴和⑥轴的框架梁上，在左侧框架梁支座位置布置 2Φ20 的附加吊筋；在右侧框架梁支座位置布置 8Φ10 的附加箍筋，次梁两侧各布置 4 根。由 1—1、2—2 剖面详图可知，L-3 梁上部纵筋的配置数量：两端为 4Φ16，跨中为 2Φ16；梁下部纵筋为 6Φ22 2/4，分两排布置，第一排 2 根，第二排 4 根；侧面配置抗扭钢筋 2Φ16，每侧一根。由 3—3 剖面详图可知，L-4 截面为 250×450；上部通长纵筋为 2Φ14；下部通长纵筋为 3Φ18，由于梁腹板高度 h_w 小于 450mm，未配置侧面构造钢筋。L-4 梁两端支座位置，各配置 2Φ18 的附加吊筋。L-3 和 L-4 均标注（−0.100）的信息，表明梁顶面比同层楼面结构标高低 0.1m。

七、梁柱节点钢筋排布构造详图及应用

框架结构是由多种结构构件而不是单一构件组成的，这就必然存在不同构件之间钢筋的锚固和躲让关系。因而，从识读构件的平法施工图到进行现场钢筋安装，这个过程中还需要进行钢筋排布构造的深化设计，使实际施工建造方案满足规范规定和设计要求。这个钢筋深化设计的过程，需要参考相关规范和标准图集进行，如《混凝土结构工程施工规范》GB 50666、《混凝土结构施工图平面整体表示方法制图规则和构造详图》16G101、《混凝土结构施工钢筋排布规则与构造详图》18G901 等。如对于框架梁柱节点的钢筋排布与构造要求，针对某一特定的部位，图集中一般会给出多种备选方案，施工时需要根据设

屋面2	65.670	
塔层2	62.370	3.30
屋面1（塔层1）	59.070	3.30
16	55.470	3.60
15	51.870	3.60
14	48.270	3.60
13	44.670	3.60
12	41.070	3.60
11	37.470	3.60
10	33.870	3.60
9	30.270	3.60
8	26.670	3.60
7	23.070	3.60
6	19.470	3.60
5	15.870	3.60
4	12.270	3.60
3	8.670	3.60
2	4.470	4.20
1	-0.030	4.50
-1	-4.530	4.50
-2	-9.030	4.50
层号	标高/m	层高/m

结构层楼面标高
结构层高

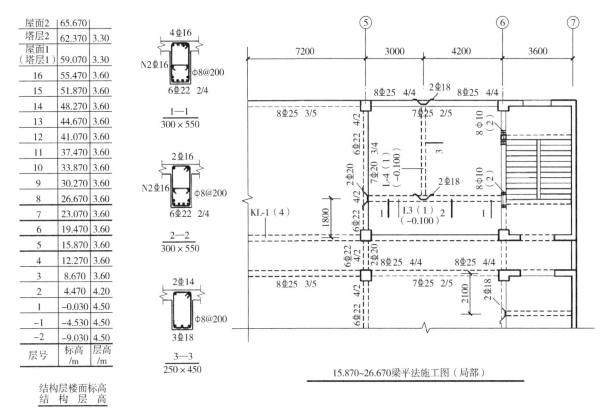

图 3-35 采用截面注写方式表达的梁平法施工图

计要求选取，如设计未具体指定，可根据相关规定进行选择。如对于框架中间层端节点，18G901 图集给出了具体的构造要求，以下仅对部分常用内容进行介绍和总结。对于其他类型节点的构造要求，读者可查阅相关图集学习或参照执行。

1. h_c（柱长边）方向

图 3-36 为中间层框架梁在框架柱 h_c（柱长边）方向的两种锚固形式，即直锚和弯锚。若 h_c 足够大，梁纵筋可以采取直锚的方式锚入柱支座（图 3-36a），锚固长度取 l_{aE} 和 $0.5h_c+5d$ 的两者较大值；若 h_c 不

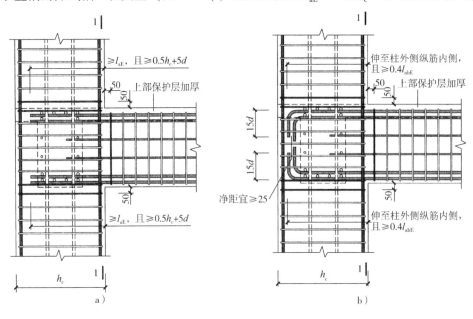

图 3-36 框架中间层端节点构造（h_c 方向）（摘自 18G901-1）

a）直锚 b）弯锚

够大，直锚长度不够，需要采取弯锚的形式（图 3-36b），即梁纵筋伸至柱外侧纵筋内侧且伸入长度保证不小于 $0.4l_{abE}$，然后向梁中心方向弯折，弯折段长度不小于 $15d$。图中所示为弯折段未重叠的情况，如果弯折段重叠，具体构造做法可参考 18G901 的相关构造详图。

2. b_c（柱短边）方向

若图 3-36 中框架柱为角柱，则其中 1—1 剖面方向，即 b_c 方向的钢筋排布构造详图如图 3-37 所示。如果以框架柱为支座的两个方向的框架梁高度相等，两个方向的梁的纵筋在高度方向就需要相互避让。避让方法有两种，如图 3-37a、b 所示。图 3-37a 为钢筋弯折避让，即将某一方向的梁下部纵筋在支座处自然弯折排布于另一方向梁下部同排纵筋之上，保护层厚度不变；图 3-37b 为钢筋整体上移避让，即将一方梁下部纵筋整体上移排布于另一方向梁下部同排纵筋之上，梁下部纵筋保护层加厚，增加的厚度为另一方向第一排梁下部纵筋直径。对此，《混凝土结构设计规范》GB50010 规定：当梁、柱、墙中纵向受力钢筋的保护层厚度大于 50mm 时，需要对保护层采取防裂、防剥落的构造措施，具体要求可参考 18G901-1 的有关规定和说明。

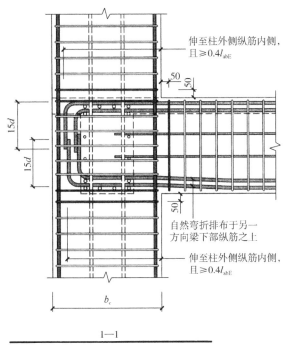 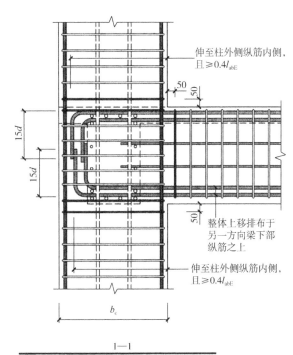

图 3-37　框架中间层端节点构造（b_c 方向）（摘自 18G901-1）

3. 梁侧面纵筋构造要求

（1）当梁侧面纵筋为构造钢筋时，其伸入支座的锚固长度为 $15d$，如图 3-38 所示。

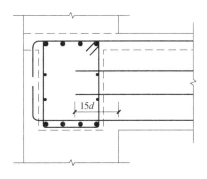

（2）当梁侧面纵筋为受扭钢筋时，其伸入支座的锚固长度与方式同梁下部纵筋：

1）满足直锚条件时，梁侧面受扭纵筋可直锚 l_{aE}（不考虑抗震时为 l_a）。

2）不满足直锚条件时，弯折锚固的梁侧面纵筋应伸至柱外侧纵筋内侧向再横向弯折，如图 3-39 所示。

图 3-38　梁侧面构造钢筋构造详图

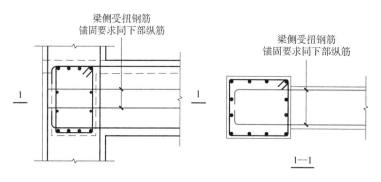

图 3-39　梁侧面受扭钢筋构造详图

由图 3-36 至图 3-39 可以看出，平法施工图表达的都是最基本的信息，无法提供施工中遇到的所有问题的解决方案。仅凭平法施工图的信息，无法进行钢筋的深化设计和施工，还需要结合规范规定和标准图集，选取适宜的构造详图做法，才能满足规范要求，保证同一构件内部钢筋布置合理，并可以保证不同构件钢筋的有效连接和锚固，从而保证结构安全可靠。

第七节　剪力墙结构平法施工图

一、剪力墙平法施工图概述

1. 概述

根据配筋形式，可将剪力墙看成由剪力墙柱、剪力墙身和剪力墙梁（简称为墙柱、墙身、墙梁）三类构件组成。因此，剪力墙平法施工图中，需要根据截面尺寸或配筋的不同，对墙柱、墙身和墙梁分别进行编号，编号由墙柱、墙身或墙梁类型代号和序号（墙身编号后面还需附以括号，括号内注写墙身所配置的水平与竖向分布钢筋的排数）组成，类型代号见表 3-1。

剪力墙平法施工图，是在剪力墙平面布置图上采用截面注写方式或列表注写方式表达剪力墙柱、剪力墙身和剪力墙梁的标高、偏心定位尺寸（仅对轴线未居中的剪力墙）、截面尺寸和配筋情况等。有时为使图面简洁，在表达完整的前提下，可以将剪力墙柱、剪力墙身和剪力墙梁分别画在不同的平面布置图上。

2. 列表注写方式

列表注写方式，是分别在剪力墙柱表、剪力墙身表和剪力墙梁表中，对应于剪力墙平面布置图上的各个编号，用绘制截面配筋图并注写几何尺寸与配筋具体数值的方式，来表达剪力墙平法施工图。

在剪力墙柱表中，需标注墙柱编号、墙柱的几何尺寸（在墙身部分未注明的几何尺寸按标准构造详图取值）、各段墙柱的起止标高、绘制墙柱的配筋截面图，注写纵向钢筋及箍筋。

在剪力墙身表中，需注写墙身编号、各段墙身起止标高、水平分布钢筋（数值为规格与间距）、竖向分布钢筋和拉结筋的具体数值。

在剪力墙梁表中，需注写墙梁的编号、墙梁所在楼层号、墙梁顶面标高相对于墙梁所在结构层楼面的高差值（高于楼面为正值，低于楼面为负值，当无高差时不注）、墙梁截面尺寸 $b \times h$、上部纵筋、下部纵筋和箍筋。当连梁中设有斜向交叉暗撑或斜向交叉钢筋时，尚需注写相关信息。墙梁的种类和符号列于表 3-1 中，图 3-40 为其示意图。连梁（LL）是指剪力墙中洞口上部设置，与剪力墙厚度相同的梁；框梁（LLK 或 KL）是指跨高比不小于 5 的连梁，其设计和施工要求，包括截面和配筋的注写方法与框架梁相同；暗梁（AL）是指剪力墙中无洞口处与剪力墙厚度相同的梁。边框梁（BKL）是指在剪力墙中部或

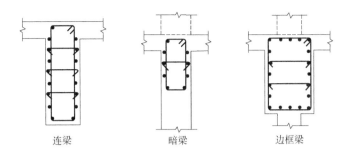

图 3-40　常见墙梁类型示意

顶部布置的，比剪力墙的厚度要大的梁。

此外，墙梁侧面一般配有纵向构造钢筋，当墙身水平分布钢筋满足连梁、暗梁及边框梁的梁侧面纵向构造钢筋的要求时，梁侧按墙身水平分布钢筋配置，表中不注明，按标准构造详图的要求施工；但当墙身水平分布钢筋不满足梁侧配筋要求，应在表中给出梁侧面纵向钢筋的具体数值。

3. 截面注写方式

截面注写方式，是在分层绘制剪力墙平面布置图时，以直接在墙柱、墙身、墙梁上注写截面尺寸和配筋具体数值的方式来表达剪力墙平法施工图。以截面注写方式表达剪力墙平法施工图时，可以选用适当比例原位放大绘制剪力墙平面布置图，在对所有墙柱、墙身、墙梁进行编号的基础上，分别在每一种编号的墙柱、墙身、墙梁中选择一个墙柱、墙身、墙梁进行注写。在注写剪力墙柱时，需绘制截面配筋图，并标注截面尺寸、全部纵筋及箍筋的具体数值；在注写剪力墙身时，需依次引注墙身编号、墙厚尺寸、水平分布筋、竖向分布筋和拉筋的具体数值；在注写剪力墙梁时，需依次引注墙梁编号、墙梁截面尺寸、墙梁箍筋、上部纵筋、下部纵筋和墙梁顶面标高高差的具体数值。

需要说明的是，对于剪力墙梁，很多施工图借鉴框架梁的表示方法，采用平面注写方式注写，具体注写内容参见本章第六节相关内容。

二、剪力墙平法施工图识读步骤

剪力墙平法施工图识读可按如下步骤：

1）校核轴线编号及其间距尺寸，要求必须与建筑施工图、基础平面图保持一致。

2）阅读结构设计总说明及各分页图纸说明，明确剪力墙的混凝土强度等级。

3）与建筑施工图对照识读，明确各段剪力墙身的编号、位置；查阅剪力墙身表或图中截面标注，明确各层各段剪力墙的厚度、水平分布钢筋、垂直分布钢筋和拉筋。

4）剪力墙两端和洞口两侧应设置边缘构件，包括暗柱、端柱、翼墙和转角墙等，统称为剪力墙柱。与建筑施工图对照，明确各段剪力墙柱的编号、数量、位置；查阅剪力墙柱表或图中截面标注等，明确墙柱的截面尺寸、配筋形式、标高、纵筋和箍筋情况。

5）所有洞口的上方必须设置连梁。与建筑施工图配合，明确各洞口上方连梁的编号、数量、位置；查阅剪力墙梁表或图中截面标注等，明确连梁的标高、截面尺寸、上部纵筋、下部纵筋和箍筋情况。

6）在明确剪力墙身、剪力墙柱、剪力墙梁设计信息的基础上，需要根据抗震等级、设计要求，查阅平法标准构造详图，确定各类构件的构造要求。如剪力墙身水平钢筋、竖向钢筋的连接和锚固构造；连梁侧面构造钢筋、纵向钢筋伸入剪力墙内的锚固要求、箍筋构造等。

三、剪力墙平法施工图工程实例

1. 工程概况

某住宅楼为18层剪力墙结构，由楼层示意图可知，该工程地上18层，地下一层。下面以第3层的剪力墙墙身、墙柱（对应标高 5.680~8.580）平法施工图，第 2、3 层顶梁平法施工图为例来说明剪力墙平法施工图的识读方法与步骤。

根据图 3-41 中楼层示意图可知，2、3 层混凝土构件的强度等级均为 C35。

2. 剪力墙墙身、剪力墙柱施工图

剪力墙墙身、剪力墙柱施工图采用列表注写方式表达。

（1）墙身信息。由本页图纸设计说明，未注明的剪力墙均为 Q1，故本层剪力墙均为 Q1。由图 3-41 右下角剪力墙墙身表可知，本工程剪力墙有 Q1 和 Q2 两种形式，其中 Q2 仅用于负一层。第三层墙标高处于 -0.130~14.380 范围内，故墙厚均为 200mm，墙身水平分布筋和垂直分布筋均为 $\Phi 8@200$，拉筋为 $\Phi 6@400×400$。

（2）墙柱信息。图 3-41 中注明了剪力墙端部墙柱的编号和截面尺寸。图 3-42 为剪力墙柱表，列明了墙柱的编号、纵筋、箍筋及拉筋的信息，并配以横截面配筋图和箍筋复合形式。由表可知，本层墙柱共有 14 种类型，其中构造边缘构件共 6 种，编号为 GBZ1 到 GBZ6；约束边缘构件共 8 种，编号为 YBZ1 到 YBZ8。剪力墙柱表中列明了各种墙柱的几何尺寸以及纵筋、箍筋、拉筋信息，并单独绘制了箍筋和拉筋形式图，方便施工参考。

以 GBZ1 为例，全部纵筋为 8Φ16 +6Φ14，图中标注了 8Φ16 的钢筋位置，未注明的纵筋为 6Φ14。墙柱横截面采用复合箍筋，右上角箍筋大样图明确了箍筋的复合形式，每组箍筋由三个封闭箍筋和一个单肢箍（拉筋）组成。

3. 剪力墙梁施工图

剪力墙梁施工图采用平面注写方式表达，2~3 层顶梁配筋图见图 3-43。

图纸右侧楼层示意图中粗实线表示本层梁所在的楼层。由图可知，2~3 层梁共有三大类，即连梁（LL）、框梁（KL）和普通单梁（L）。其中连梁（LL）、框梁（KL，有时又注写为 LLK）是在剪力墙洞口上方设置的梁，属于墙梁，与剪力墙在同一平面内布置。普通单梁（L）是以两端剪力墙为支座的梁，梁轴线与两端剪力墙或墙梁垂直。

剪力墙结构中梁的种类、型号很多，实际施工时，需要统计每一种梁的截面、配筋信息和数量。本图墙梁采用平面注写方式表达，注写规则与框架梁相同。当墙身水平分布钢筋满足连梁、暗梁及边框梁的梁侧面纵向构造钢筋的要求时，无须注写纵向构造钢筋。

以下以 LL-1a、KL-G1、L-3a 为例说明不同种类梁的表示方法。

LL-1a 的表示方法和具体含义为：

LL-1a（1）200×600	表示本连梁为 1 跨，截面尺寸 $b×h$ 为 200×600
$\Phi 8@100$（2）	表示箍筋为 2 肢箍，HRB400 钢筋，直径 8mm，间距 100mm
2Φ20；2Φ20	表示梁上部通长纵筋为 2Φ20；梁下部通长纵筋为 2Φ20
（+0.120）	表示梁上皮标高比结构层楼面标高高 0.120m

KL-G1 的表示方法和具体含义为：

KL-G1（1）200×480	表示本框梁为 1 跨，截面尺寸 $b×h$ 为 200×480
$\Phi 8@100/200$（2）	表示箍筋为 2 肢箍，HRB400 钢筋，直径 8mm，加密区间距 100mm，非加密区间距 200mm
2Φ16；2Φ16	表示梁上部通长纵筋为 2Φ16；梁下部通长纵筋为 2Φ16

L-3a 的表示方法和具体含义为：

L-3a（1）200×400	表示本梁为 1 跨，截面尺寸 $b×h$ 为 200×400
$\Phi 8@200$（2）	表示箍筋为 2 肢箍，HRB400 钢筋，直径 8mm，间距 200mm
2Φ12；2Φ16	表示梁上部通长纵筋为 2Φ12；梁下部通长纵筋为 2Φ16

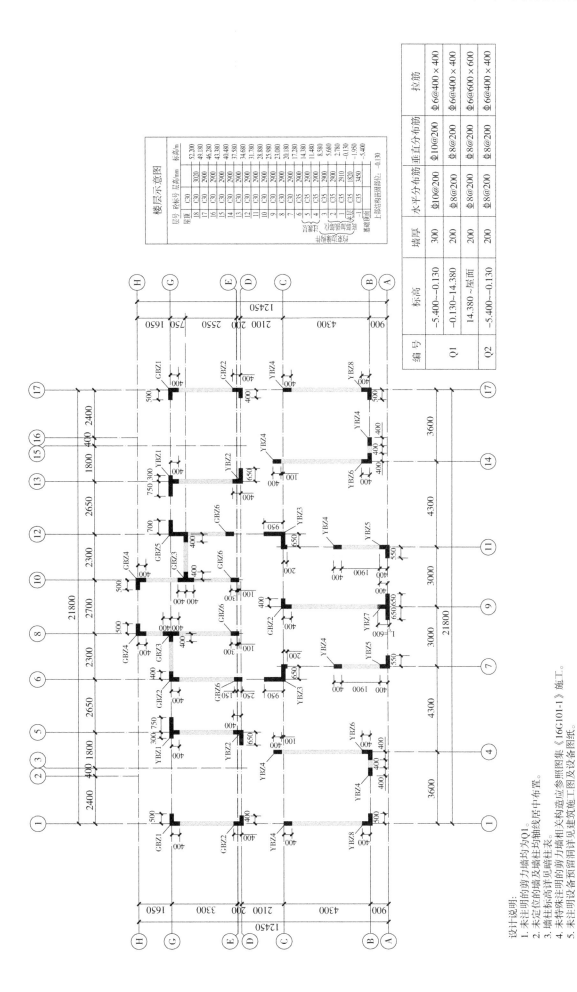

图3-41 某住宅楼5.680~8.580墙柱平面图 1:100

截面	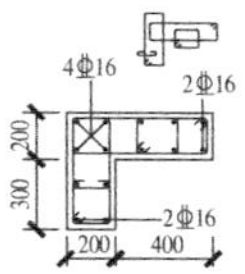	截面	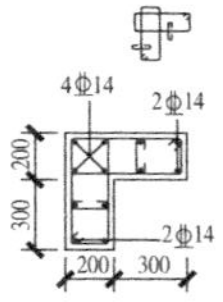	截面	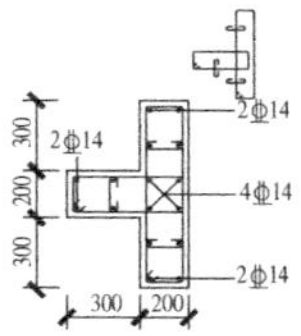	截面	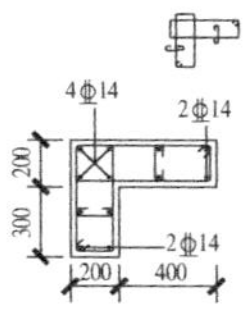	截面	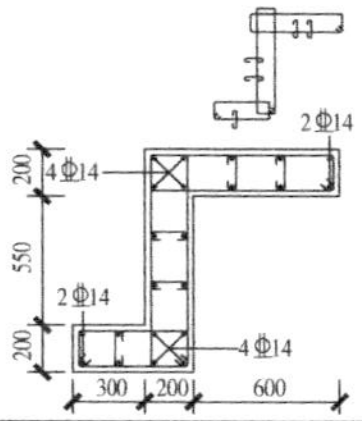	截面	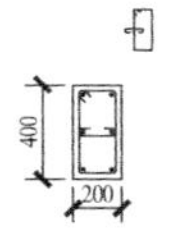	截面	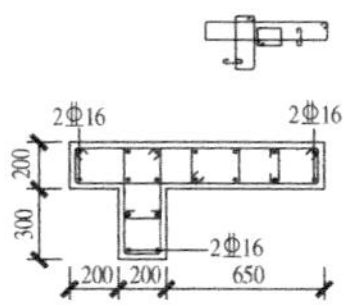
编号	GBZ1	编号	GBZ2	编号	GBZ3	编号	GBZ4	编号	GBZ5	编号	GBZ6	编号	YBZ1
标高	5.680~8.580	标高	5.680~8.580	标高	5.680~8.580	标高	5.680~8.580	标高	5.680~8.580	标高	5.680~8.580	标高	5.680~8.580
纵筋	8Φ16+6Φ14	纵筋	8Φ14+4Φ12	纵筋	10Φ14+6Φ12	纵筋	8Φ14+4Φ12	纵筋	2Φ14+10Φ12	纵筋	6Φ14	纵筋	6Φ16+12Φ14
箍筋/拉筋	Φ8@150	箍筋/拉筋	Φ8@150	箍筋/拉筋	Φ8@150	箍筋/拉筋	Φ8@150	箍筋/拉筋	Φ8@150	箍筋/拉筋	Φ8@150	箍筋/拉筋	Φ8@100

截面	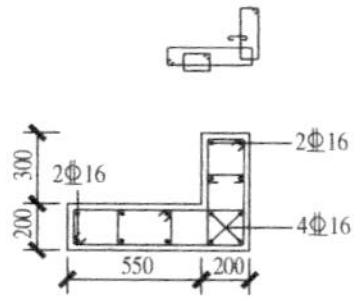		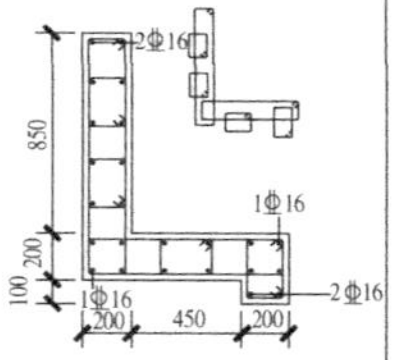	截面	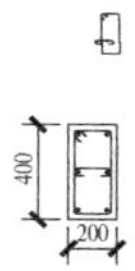	截面	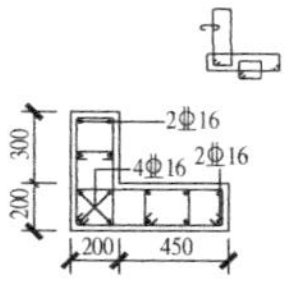		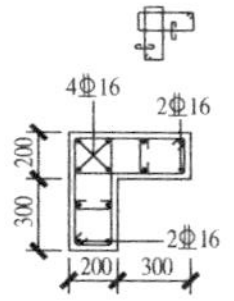	截面	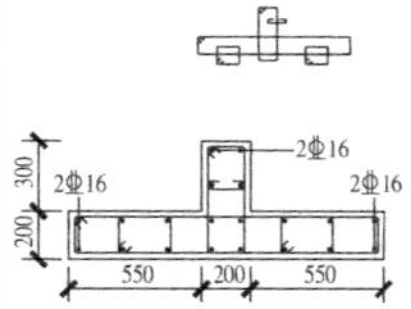	截面	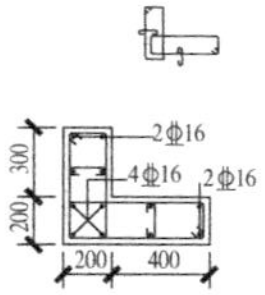
编号	YBZ2		YBZ3	编号	YBZ4	编号	YBZ5		YBZ6	编号	YBZ7	编号	YBZ8
标高	5.680~8.580		5.680~8.580	标高	5.680~8.580	标高	5.680~8.580		5.680~8.580	标高	5.680~8.580	标高	5.680~8.580
纵筋	8Φ16+6Φ14		6Φ16+18Φ14	纵筋	6Φ16	纵筋	8Φ16+6Φ14		8Φ16+4Φ14	纵筋	6Φ16+14Φ14	纵筋	8Φ16+4Φ14
箍筋/拉筋	Φ8@100		Φ8@100	箍筋/拉筋	Φ8@100	箍筋/拉筋	Φ8@100		Φ8@100	箍筋/拉筋	Φ8@100	箍筋/拉筋	Φ8@100

图3-42 某住宅楼剪力墙柱表（结施12）

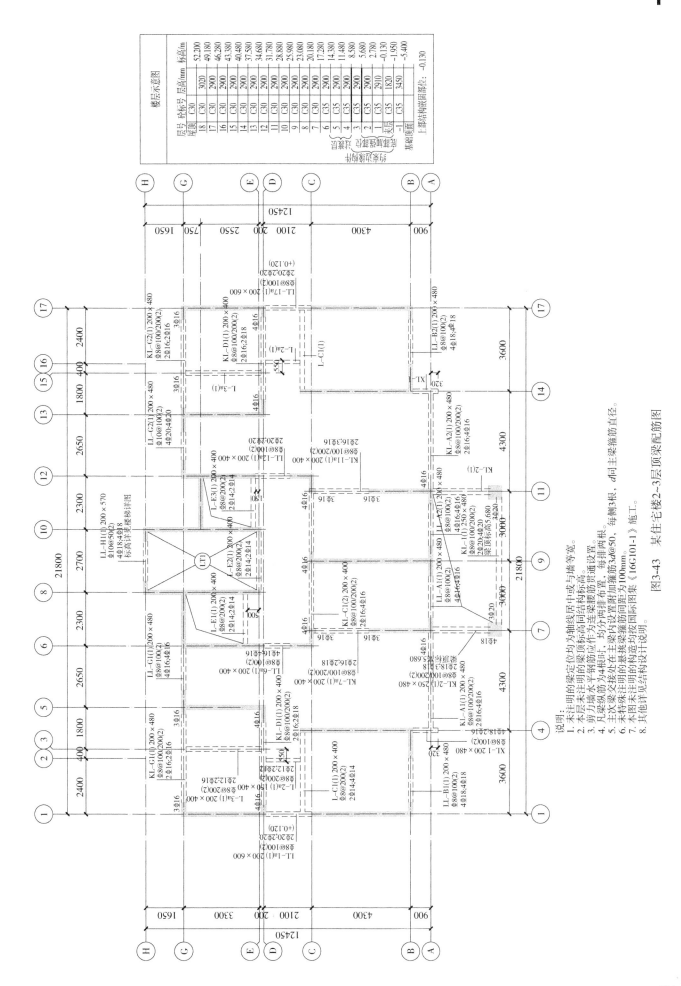

图3-43　某住宅楼2~3层顶梁配筋图

对于连梁，当跨高比不小于 5 时，按框架梁设计（代号为 LLK×× 或 KL××），注写规则同框架梁。KL 箍筋由加密区和非加密区两部分构成，而连梁 LL 和普通单梁 L 不设置箍筋加密区，故只需注写一个箍筋间距。

图 3-44 为 LL 钢筋排布构造详图，图 3-45 为 KL 钢筋排布构造详图；二者纵筋锚固要求相同而箍筋排布构造要求不同，LL 不设箍筋加密区，施工时要注意区分。

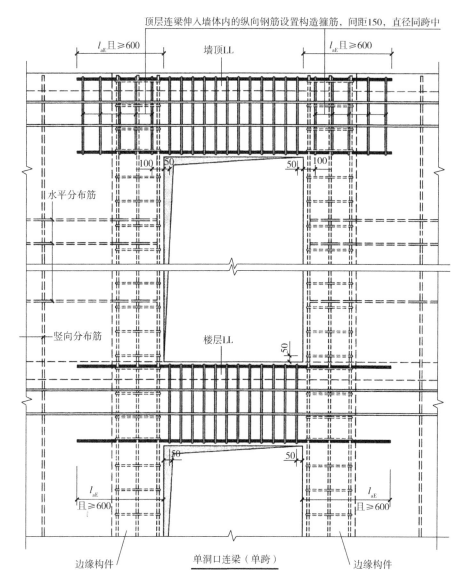

图 3-44　剪力墙连梁 LL 钢筋排布构造详图（摘自 18G901-1）

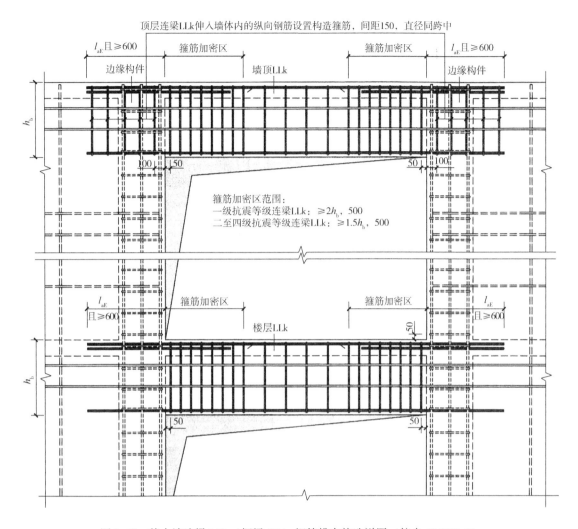

顶层连梁LLk伸入墙体内的纵向钢筋设置构造箍筋，间距150，直径同跨中

图 3-45　剪力墙连梁 LLk（框梁 KL）钢筋排布构造详图（摘自 18G901-1）

第八节　楼板平法施工图

一、楼板的类型

建筑工程中常用的楼板类型有钢筋混凝土楼板和压型钢板组合楼板。

钢筋混凝土楼板具有强度高、防火性能好、耐久、便于工业化生产等优点。此种楼板形式多样，是我国应用最广泛的一种楼板。常用的楼板形式有现浇式钢筋混凝土肋梁楼板、装配式钢筋混凝土楼板、叠合式楼板、现浇混凝土空心楼板等。

现浇钢筋混凝土楼板的整体性好，但施工速度慢，耗费模板；装配式钢筋混凝土楼板的整体性差，但施工速度快，节省模板；装配整体式楼板由预制薄板与现浇混凝土面层叠合而成，又叫叠合式楼板（图 3-46），既节省模板，整体性又好，主要应用于装配式建筑。

图 3-46　某工程叠合式楼板施工现场

现浇混凝土空心楼板（图3-47）是按一定规则放置埋入式内模后经现场浇筑混凝土而在楼板中形成空腔的楼板。埋入式内模是埋置在现浇混凝土空心楼盖中用以形成空腔且不取出的填充体。

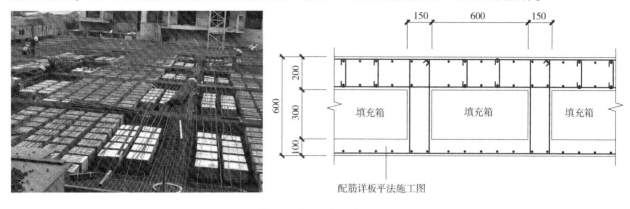

图3-47　某工程采用现浇混凝土空心楼板

近年来，便于连接钢梁的压型钢板组合楼板开始在钢结构工程中应用。压型钢板组合楼板的整体连接是由栓钉（又称抗剪螺钉）将钢筋混凝土、压型钢板和钢梁组合成整体。压型钢板既是上部混凝土的模板，又能和混凝土共同工作，提高楼板的承载能力，加快施工速度，在高层建筑和钢框架结构中得到了广泛的应用。某工程压型钢板组合式楼板施工现场如图3-48所示。

不同工程的楼板施工图命名方法不同，如＊＊层结构平面图、＊＊层板配筋图、＊＊层板配筋平面图、＊＊层顶板配筋图等，但其载明的内容都是一样的，包括楼板的标高、板厚和配筋等信息。本节主要介绍现浇钢筋混凝土楼板施工图的识读方法和步骤。

二、楼板施工图主要内容

现浇钢筋混凝土楼板施工图的主要内容包括：

（1）图名和比例。

（2）定位轴线及其编号应与建筑施工图一致。

（3）现浇楼板的厚度和标高。

（4）现浇楼板的配筋情况。

（5）必要的设计详图和说明。

三、楼板施工图识读步骤

现浇钢筋混凝土楼板施工图的识读步骤如下：

图3-48　某工程压型钢板组合楼板施工现场

（1）查看图名、比例。

（2）校核轴线编号及其间距尺寸，要求必须与建筑施工图、梁平法施工图保持一致。

（3）阅读结构设计总说明及图纸说明，明确现浇板的混凝土强度等级及其他要求。

（4）明确现浇楼板的厚度和标高。

（5）明确现浇楼板的配筋情况，并参阅说明，了解未标注的分布钢筋情况等。

识读现浇钢筋混凝土楼板施工图时，应注意图示钢筋的弯钩方向，以便确定钢筋是在板的底部还是顶部。还应分清板中纵横方向钢筋的位置关系。如对于双向板，其下部双向交叉钢筋上、下位置关系应按具体设计说明排布；当设计未说明时，短跨方向钢筋应置于长跨方向钢筋之下。

四、楼板施工图工程实例

下面以某中学教学楼二～三层楼板施工图（图3-49）为例说明楼板施工图的识读方法和步骤。

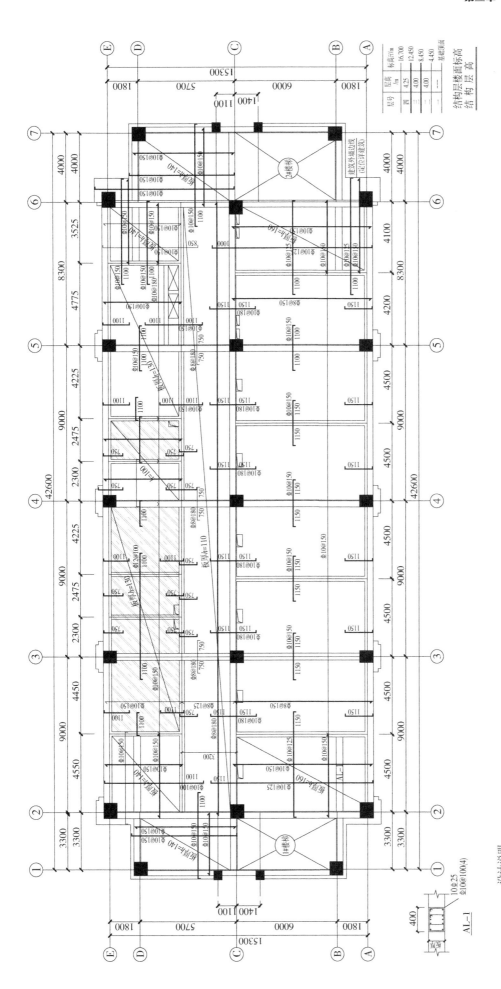

图3-49　某中学教学楼二、三层结构平面图

设计说明：
1. 未定位的梁均轴线居中或与柱、墙边齐。未注明的板与柱、墙边齐。未注明的板厚为140mm。图中▨板顶标高为结构标高−0.070。降板范围及降板深度需与建筑施工图仔细核对，确保无误后方可施工。
2. 未注明的板中钢筋均为Φ8@200，图中所示钢筋长度均自梁边算起。
3. 板上预留洞口、管井、管井定位详见建筑施工图。洞口加筋详见结构设计总说明。
4. 图中▨表示管井，此处楼板钢筋除按要求做洞边加筋外，洞内板筋不剪断照通，安装管道后，混凝土暂不浇筑，用高一级强度等级的混凝土加微膨胀剂补浇。

1. 板厚及楼面标高

根据结构设计总说明，楼板混凝土强度等级为 C35。根据本页图纸及设计说明，二层、三层楼板完全相同，楼板厚度有 100mm、110mm、130mm、140mm、160mm 等五种，具体范围和厚度值见对角斜线及文字标注，未注明部分的楼板厚度为 140mm。

根据层高表中数值，除阴影部分楼板标高比本结构层楼面标高低 0.070m 外，二层结构层楼面标高为 8.450m，三层结构层楼面标高为 12.450m。经与二、三层建筑平面图核对，阴影部分为卫生间及开水房，是需要降板施工的范围。

由于各部分楼板厚度不同，又存在降板区域，因此在进行楼板底模支设时一定要计算好支设高度和边界范围，防止出现差错。

2. 楼板钢筋

在楼板施工图中，楼板标注的基本单位为板块，对于普通楼面，两向均以一跨为一板块；对于密肋楼盖，两向主梁（框架梁）均以一跨为一板块（非主梁密肋不计）。识读楼板钢筋信息时，也是以板块为单位。

在楼板施工图中，当需要配置双层钢筋时，图示底层钢筋的弯钩应向上或向左，顶层钢筋的弯钩则向下或向右。以图面左下角 1#楼梯右侧板块为例，楼板厚度 160mm。楼板底层钢筋（又称底筋、下部钢筋）双向布置，均为Φ10@150。由于本板块厚度与上侧及右侧相邻板块均不同，因此双向底筋均在本板块范围内单独设置，钢筋端部锚固入梁支座，与相邻板块不连通。顶层钢筋（又称上部钢筋、盖铁）也是双向布置，均为Φ10@125，在本板块范围内贯通布置，且沿纵向、横向分别伸出梁外皮 1150mm。

本工程由于楼板厚度变化较大，且存在降板区域，造成相邻板块的同层钢筋（底筋、盖铁）不在同一高度的情况比较普遍，即使同层钢筋直径、间距相同也无法贯通，需要采取分离式配筋方式，板钢筋的种类较多，在识读配筋信息时要特别注意，以保证钢筋下料准确、安装位置正确。

对于楼板钢筋在支座的锚固，应参照 16G101-1 执行。如板钢筋在端部支座的锚固按图 3-50 施工：楼板底部钢筋在支座的锚固长度不应小于 5d（d 为钢筋直径）且应伸过梁中线；楼板顶部钢筋根据设计要求按图选择锚固方式，如设计按铰接考虑，要求板纵筋伸至梁支座外侧纵筋内侧的平直段长度 $\geq 0.35l_{ab}$，当平直段长度 $\geq l_a$ 时可不弯折。

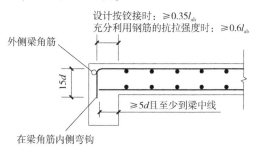

图 3-50　板在端部支座的锚固构造

在本工程中，部分板块仅在梁支座处布置非贯通的上部纵筋（负弯矩筋），伸出支座长度在图中做了标注，根据设计说明，该图示长度从梁边算起，而不是梁的中心线，对于贯穿梁支座的负弯矩筋，下料长度需要考虑梁的宽度。

根据设计说明，与负弯矩筋垂直布置的上部分布钢筋均为Φ8@200。

第九节　楼梯结构施工图

一、楼梯的结构类型

楼梯的结构类型主要有两种：板式楼梯和梁式楼梯。梁式楼梯由踏步板、梯段斜梁、平台板和梯梁组成。踏步板支承在两侧的斜梁（双梁式）或中间一根斜梁（单梁式）上，斜梁再支承在梯梁上。板式楼梯由梯板（或称梯段板）、平台板和梯梁（或称平台梁）组成。梯板是一块带有踏步的斜板，两端分别支承在上、下平台梁上。本节以工程中最为常见的板式楼梯为例说明楼梯施工图的识读步骤。

根据梯板的截面形状，《混凝土结构施工图平面整体表示方法绘制规则和构造详图》（16G101-2）将常用的板式楼梯分为 12 种类型，分别是 AT、BT、CT、DT、ET、FT、GT、ATa、ATb、ATc、CTa 和 CTb。其中 AT～ET 等 5 种类型最为常用，其特征是梯板的两端（低端和高端）分别以梯梁为支座，梯板的主体为踏步段，除踏步段之外，梯板可包括低端平板、高端平板以及中位平板。AT～ET 形状如图 3-51 所示。其中 AT 型梯板全部由踏步段构成；BT 型梯板由低端平板和踏步段构成；CT 型梯板由踏步段和高端平板构成；DT 型梯板由低端平板、踏步板和高端平板构成；ET 型梯板由低端踏步段、中位平板和高端踏步段构成。

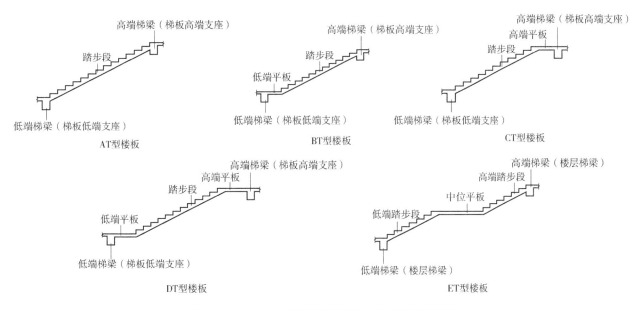

图 3-51　AT～ET 型楼梯截面形状与支座位置示意图

二、楼梯施工图的注写方式

现浇混凝土板式楼梯平面施工图有平面注写、剖面注写和列表注写三种表达方式。这里主要介绍梯板施工信息的识读方法。与楼梯相关的平台板、梯梁、梯柱等的注写方式、识读方法、构造要求等请参见本书及 16G101-1 中楼板、梁、柱的相关内容。

1. 平面注写方式

平面注写方式，是在楼梯平面布置图上注写截面尺寸和配筋具体数值的方式来表达楼梯施工图。包括集中标注和外围标注两部分，如图 3-52 所示。

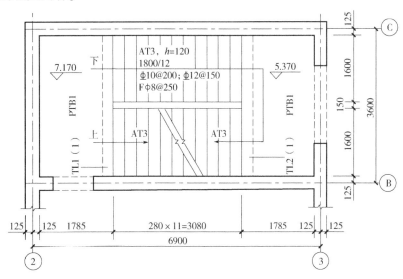

图 3-52　某工程标高 5.370～7.170 范围的楼梯平面图

楼梯集中标注的内容有 5 项，包括：

（1）梯板类型代号和序号，如 AT××；

（2）梯板厚度，注写为 h = ×××；

（3）踏步段总高度和踏步级数，之间以"/"分隔；

（4）梯板支座上部纵筋、下部纵筋，之间以"；"分隔；

（5）楼梯分布筋，以 F 打头注写分布钢筋的具体值，该项也可在图中统一说明。

楼梯外围标注的内容，包括楼梯间的平面尺寸、楼层结构标高、层间结构标高、楼梯的上下方向、梯板的平面几何尺寸、平台板（PTB）配筋、梯梁（TL）及梯柱（TZ）配筋等。

2. 剖面注写方式

剖面注写方式需在楼梯平法施工图中绘制楼梯平面布置图和楼梯剖面图，注写内容分平面注写和剖面注写两部分。

楼梯平面布置图注写内容，一般包括楼梯间的平面尺寸、楼层结构标高、层间结构标高、楼梯的上下方向、梯板的平面几何尺寸、梯板类型及编号、平台板配筋、梯梁及梯柱配筋等。

楼梯剖面图注写内容，一般包括梯板集中标注、梯梁梯柱编号、梯板水平及竖向尺寸、楼层结构标高、层间结构标高等。集中标注内容与平面注写方式相同。

在实际工程中，平面注写、剖面注写内容不是固定不变的，可根据楼梯构件布置特点、图面布置疏密程度等适当调整，以方便识读。

3. 列表注写方式

列表注写方式，是用列表方式注写梯板截面尺寸和配筋具体数值的方式来表达楼梯施工图，其具体要求是将平面或剖面注写中的集中标注内容改为列表注写。

三、楼梯施工图工程实例

图 3-49 所示某中学教学楼有 1#、2#两个楼梯，现以 1#楼梯（图 3-53）为例，说明楼梯结构施工图的表示方法和识读步骤。图纸内容包括楼梯间一到四层平面图和剖面图，梯板采用剖面注写方式表达。

除梯板外，本楼梯还包括梯柱（TZ）、梯梁（TL）、平台梁（PTL）、平台板（PTB）等构件，平台板的配筋信息是在设计说明中注写的，梯柱信息是在平面图中集中注写，而其他构件信息是在剖面图中集中注写的。

以下介绍各段梯板信息的识读内容和步骤。

1. 梯板布置概述

根据剖面图，本教学楼首层层高 4.500m，第二层、第三层层高均为 4.000m，由于层高不同，踏步段的水平投影长度不同，各层采用的梯板类型也不同。如剖面图所示，由一层上二层楼梯（以下简称"首层楼梯"）的两段梯板，均采用 AT 型梯板，编号分别为 AT1 和 AT1a，每个梯板设 15 个踏步，每个踏步宽度为 280mm，高度 $h = 150mm$，每段总高度为 2.25m，梯板直接与梯梁相连，无须在梯板两端设置平板。

本教学楼二层层高减小为 4.000m，因此由二层上三层楼梯（以下简称"二层楼梯"）的两个梯段的踏步数均减少到 12 个，每个踏步高度 160mm。由于踏步数减小，每个踏步宽度不变，踏步段水平投影长度相应减小，因此需要在梯板端部设置平板与楼层的梁、板相连。

二层楼梯从低往高的第一段梯板为 BT 型，编号为 BT1，需设置低端平板与二层楼层梁、板相连；第二段梯板为 CT 型，编号为 CT1，需设置高端平板与三层楼层梁、板相连。

三层层高与二层相同，由三层上四层楼梯（以下简称"三层楼梯）的两段梯板也是 BT1、CT1，与二层楼梯两段梯板形式完全相同，需设置两段连接平板分别与三层、四层楼层的梁、板相连。

2. 梯板配筋与构造做法

（1）梯板配筋概述

每层各有两段梯板，首层楼梯与二层楼梯、三层楼梯不同；二层楼梯与三层楼梯相同。

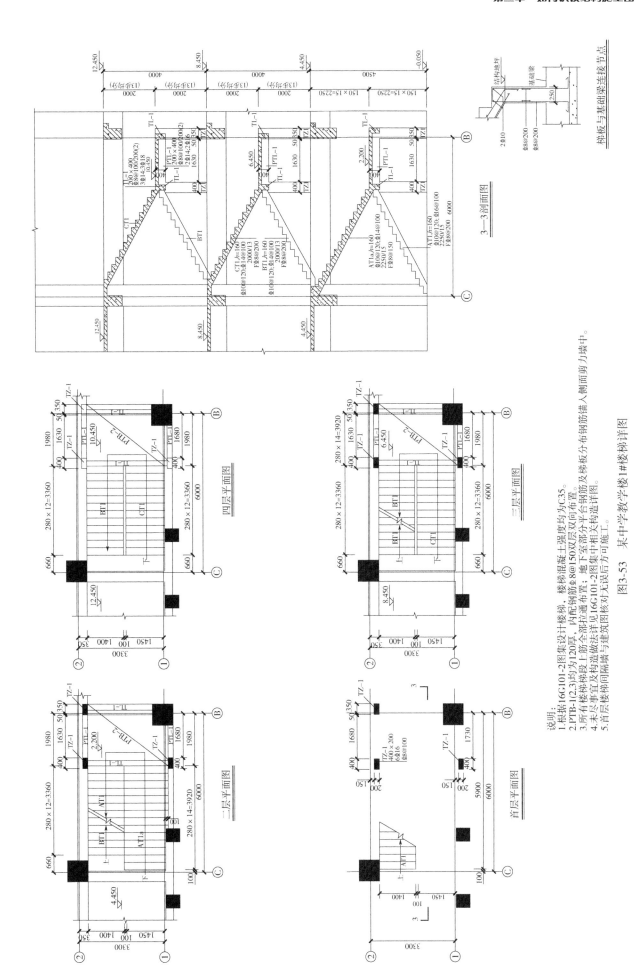

图3-53 某中学教学楼1#楼梯详图

说明:
1. 根据16G101-2图集设计楼梯,楼梯混凝土强度均为C35。
2. PTB-12.3内均为120厚,内配钢筋Φ8@150双层双向布置。
3. 所有楼梯梯段上筋全部拉通布置;下筋全至部分平台钢筋及梯板分布钢筋锚入侧面剪力墙中。
4. 未尽事宜及构造做法详见16G101-2图集中相关构造详图;地下室部分做法详见16G101-2图集中相关构造详图。
5. 首层楼梯间隔墙与建筑图核对无误后方可施工。

首层楼梯两段梯板踏步宽度、高度、梯板厚度、上部纵筋、分布筋均相同。两段梯板底部纵筋和分布钢筋均不同，标高 -0.05 至 2.20 梯段底部纵筋为 Φ16@100，分布钢筋为 Φ8@200；标高 2.20 至 4.45 梯段的底部纵筋为 Φ14@100，分布钢筋为 Φ8@150。

二层楼梯、三层楼梯梯梁、平台梁、梯板完全相同。每层分别设 BT1、CT1 两段梯板，两段梯板除平板位置不同、起止方向相反外，其他参数均完全相同。两段梯板的厚度均为 160mm；上部纵筋为 Φ10@120，下部纵筋为 Φ14@100；踏步段级数为 13，总高度为 2000mm；分布钢筋为 Φ8@200。

（2）钢筋构造做法

不同类型的梯板与两端梯梁的连接形式均不相同。现以 BT1 板为例，说明低端平板、踏步段及其与两端梯梁的钢筋排布以及构造要求。对于 AT 及 CT 型梯板可参照 16G101-2、18G901-2 等标准设计图集执行。

对于梯板 BT1，其配筋构造可按图 3-54 进行。由图可知，BT 型梯板由低端平板和踏步段两部分构成。由踏步段 a—a 剖面可知，梯板上部纵筋、下部纵筋分别布置在梯板厚度方向的外侧，对应的分布钢筋布置在纵筋内侧。下部纵筋锚入两端梯梁的长度不小于 5d，且应伸过梯梁中线。

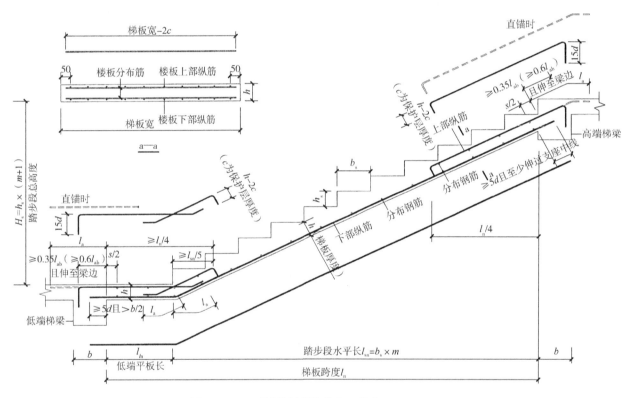

图 3-54 BT 型楼梯板配筋构造（摘自 18G901-2）

本工程每层设置两跑楼梯，每跑楼梯实际上是由四部分组成的。即低端梯梁、低端（高端）平板、踏步段和高端梯梁。其中低端（高端）平板与踏步段组成梯板。如对于 BT1 梯段，施工前要重点搞清低端平板与踏步段连接处、梯板与梯梁连接处、梯梁与楼层（层间）板连接处上部纵筋的布置方法与要求。

1）低端平板与踏步段连接。

低端平板上部纵筋要锚入踏步段，踏步段上部纵筋同样要锚入低端平板，锚固长度均不得小于 l_a。从低端平板边算起，踏步段上部纵筋的水平投影长度不得小于踏步段水平长度 l_{sn} 的 1/5；从低端梯梁边算起，低端平板与踏步段上部纵筋叠加后的水平投影长度不得小于梯板跨度 l_n 的 1/4。

2）梯板与梯梁连接。

梯板（含低端平台及踏步板）纵筋在低端梯梁、高端梯梁内的锚固，既可以采用直锚，也可以采用弯锚。直锚时锚固段长度不得小于 l_a，弯锚时需伸至支座对边再向下弯折，弯折前伸入支座长度和弯折段长度均需满足图 3-54 的要求。

　　3）梯梁与楼层（层间）板连接处。

　　梯板通过高端梯梁与楼层（层间）平板相连，其纵筋锚固方法可参照图 3-55 进行。梯板和楼层（层间）平板的纵筋均须在梯梁内锚固，上部纵筋应伸至支座对边再向下弯折，弯折前伸入支座长度和弯折段长度需满足图示要求。

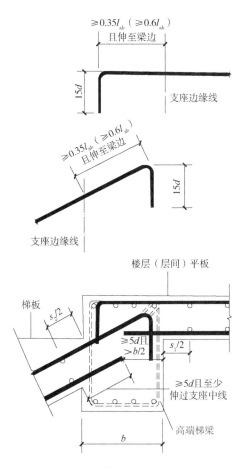

图 3-55　高端梯梁处梯梁与梯板钢筋锚固详图（摘自 18G901-2）

第四章 如何识读基坑工程施工图

第一节 基坑工程概述

一、基坑工程内容

近年来，随着我国城市建设的迅猛发展，高层、超高层建筑不断涌现，基础埋深不断加大，地下停车场、地下商场等地下空间开发利用越来越普遍，绝大多数工程都要进行基坑工程施工。基坑工程是整个工程施工的开端，合理有序组织基坑施工，保证基坑工程安全，对于后续工程的顺利实施意义重大。因此，施工管理和作业人员需要了解基坑工程施工图的内容组成，掌握识读基坑工程施工图的基本步骤和方法。

基坑工程主要包含岩土工程勘察、基坑支护结构的设计和施工、地下水控制、基坑土方开挖、工程监测和周围环境保护等内容。从施工角度考虑，基坑工程包含支护系统和土方开挖两大工艺体系，其主要作用是为各种建（构）筑物的地下结构施工创造条件，提供基坑土方开挖和地下结构工程施工作业的空间，并控制土方开挖和地下结构工程施工对周围环境可能造成的不良影响。

二、常用的基坑支护形式

在基坑工程中应用的支护形式很多，目前建筑工程中常用的有放坡开挖、边坡加固、挡墙式支护结构三大类，每一大类又包括多种不同的支护形式。

1. 放坡开挖

放坡开挖及简易支护的支护形式和适用范围可参见表4-1。

表4-1 放坡开挖及简易支护的支护形式和适用范围

支护形式	适用范围
放坡开挖	适用于地基土质较好，地下水位低，或采取降水措施，以及施工现场有足够放坡场所的工程。允许开挖深度取决于地基土的抗剪强度和放坡坡度
放坡开挖为主，辅以短桩、隔板等简易支护	基本同放坡开挖。坡脚采用短桩、隔板及其他简易支护，可减小放坡占用场地面积，或提高边坡稳定性
放坡开挖为主，辅以喷锚网加固	基本同放坡开挖。喷锚网主要用于提高边坡表层土体的稳定性

如某工程基坑开挖深度4.6m，采用一级放坡开挖，施工剖面图如图4-1a所示；局部基坑深度6.6m，采用二级放坡开挖的方式。第一级4.6m，第二级2.0m，施工剖面如图4-1b所示。为防止周围地下水渗流入基坑，在基坑四周施工水泥土桩止水帷幕。止水帷幕采用三轴水泥土搅拌桩，桩径900mm，桩距650mm，桩长14.0m。

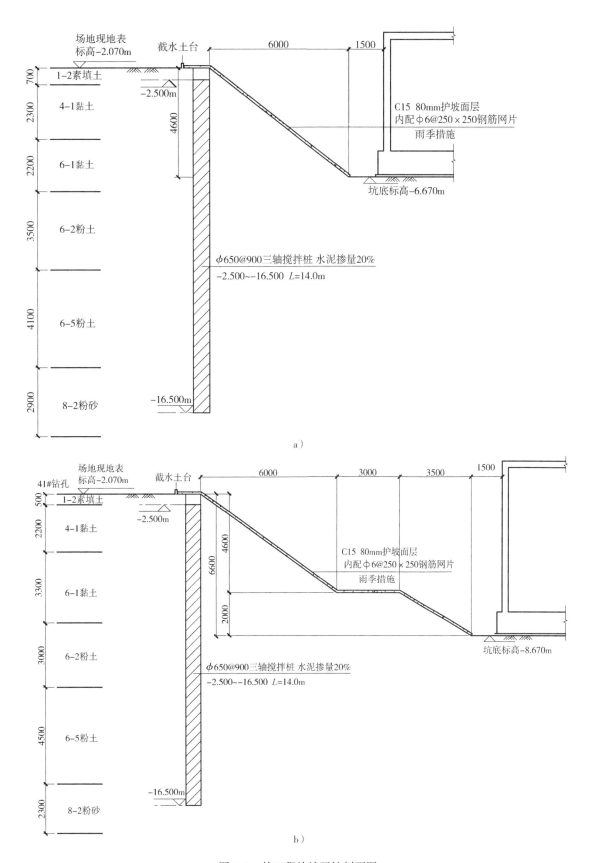

图 4-1　某工程放坡开挖剖面图

a）一级放坡开挖　b）二级放坡开挖

　　为提高边坡表层土体稳定性，采用 80mm 厚钢筋网喷射混凝土护坡面层，内配φ6@250×250 钢筋网片，表面喷射 C15 混凝土护坡面层。图 4-2 为现场喷射混凝土施工护坡面层。

2. 边坡加固

边坡加固是通过加固边坡土体，使其形成自立式围护结构，常见支护形式和适用范围列于表4-2。

表4-2　边坡加固的常见形式和适用范围

支护形式	适用范围
水泥土重力式支护结构	采用深层搅拌法或高压旋喷法施工，适用土层取决于施工方法，软黏土地基中适用于支护深度小于6m的基坑
加筋水泥土墙支护结构	基本同水泥土重力式支护结构，一般用于软黏土地基中深度小于6m的基坑
土钉墙支护结构	一般适用于地下水位以上或降水后的基坑边坡加固。土钉墙支护临界高度主要与地基土体的抗剪强度有关。软黏土地基中应控制使用，一般可用于深度小于5m，而且允许产生较大变形的基坑
复合土钉墙支护结构	基本同土钉墙支护结构
冻结法支护结构	可用于各类地基

图4-3为水泥土重力式围护墙的示意图，其中 H 为基坑开挖深度，D 为墙体插入深度，B 为墙体宽度；墙体顶部设钢筋混凝土压顶板，通过顶部插筋①与墙体连接，插筋直径 $10 \sim 20$mm，长度 $1 \sim 2$m。

图4-2　喷锚网施工

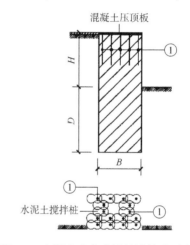

图4-3　水泥土重力式围护墙构造示意图

3. 挡墙式支护结构

挡墙式支护结构的支护形式和适用范围列于表4-3。

表4-3　挡墙式支护结构的支护形式和适用范围

支护形式		适用范围
悬臂式排桩墙支护结构		基坑深度较浅，而且允许产生较大变形的基坑，软黏土地基中一般用于深度小于6m的基坑
内撑式支护结构	排桩墙加内撑式支护结构	适用范围广，可适用于各种土层和基坑深度，软黏土地基中一般用于深度大于6m的基坑
	地下连续墙加内撑式支护结构	适用范围广，可适用于各种土层和基坑深度，一般用于深度大于10m的基坑
	加筋水泥土墙加内撑式支护结构	适用土层取决于形成水泥土的施工方法。SMW工法三轴深层搅拌机械不仅适用于黏性土层，也能用于砂性土层的搅拌；TRD工法则适用于各种土层，且形成的水泥土连续墙连续性好，水泥土强度沿深度均匀，加固深度可达60m
锚拉式支护结构	排桩墙加锚拉式支护结构	常用于可提供较大锚固力地基（如砂性土和硬黏土）中的基坑，基坑面积越大，优越性越显著；采用装囊式锚杆可用于软黏土地基
	地下连续墙加锚拉式支护结构	常用于可提供较大的锚固力地基中的基坑，基坑面积越大，优越性越显著

图4-4为采用分离式排桩（一般采用灌注桩）作为支护结构，双轴水泥土搅拌桩作为止水帷幕的支护体系示意图。作为止水帷幕，相邻两组水泥土搅拌桩在两个方向的搭接长度均不小于200mm，以保证止水效果。

图4-5为采用SMW工法（三轴水泥土搅拌桩内插型钢）支护体系的构造示意图。SMW工法是目前国内应用最多的型钢水泥土墙形式，是利用三轴型长螺旋钻孔机钻孔掘削土体，边钻进边从钻头端部注入水泥浆液，钻进达到预定深度后，边提钻边从钻头端部再次注入水泥浆液，与土体原位搅拌，从而形成一道水泥土墙；然后再依次套接施工其余墙段；其间可根据需要插入H型钢，形成具有一定强度和刚度、连续完整的地下墙体，既可以挡土、又可以止水。基础施工完成后型钢可以回收和重复利用。

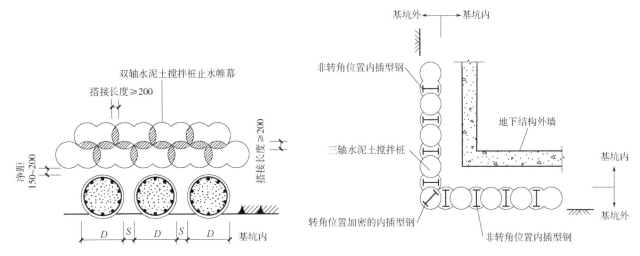

图4-4　分离式灌注桩排桩＋止水帷幕平面布置示意图　　　图4-5　型钢水泥土搅拌墙阴角部位构造示意图

图4-6为地下连续墙加锚杆支护结构示意图。锚杆由锚头、自由段和锚固段三部分组成，锚固段为通过水泥浆或水泥砂浆将杆体与土体粘结在一起而形成的锚固体。锚固段固定在稳定地层中，另一端与地下连续墙（或支护排桩）相联结，用以承受土压力、水压力等施加于排桩（墙）的推力，从而利用土层的锚固力来维持支护结构的稳定。当锚杆杆体采用钢绞线时，一般称作锚索。预应力锚索是预应力锚固形式的一种，不仅能够提供反力保持支护结构的稳定，而且还可通过对锚索施加预拉力限制支护结构的变形，因而在实际工程中得到了广泛的应用。

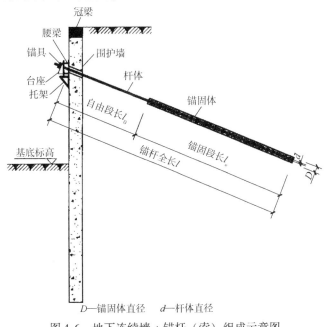

D—锚固体直径　　d—杆体直径

图4-6　地下连续墙＋锚杆（索）组成示意图

4. 其他形式支护结构

其他形式支护结构常用的形式有：门架式支护结构、重力式门架支护结构、拱式组合型支护结构、沉井支护结构等。

第二节　基坑工程施工图内容

一、基坑支护设计的内容

基坑支护体系设计一般包括以下内容：

（1）根据场地工程地质和水文地质条件，及用地红线图和基坑周围环境状况、地下结构施工图等资料，对技术可行的基坑支护方案进行比选，选用合理的基坑支护方案。

（2）对基坑支护结构和支护体系的稳定和变形进行设计计算。

（3）对地下水控制体系的设计计算。

（4）对基坑工程施工环境效应的评估。

（5）提出基坑挖土施工组织要求。

（6）提出基坑工程监测要求以及相关报警值。

（7）提出处理突发状况的应急措施的要求。

在施工图设计阶段，基坑支护设计文件包括设计说明、施工图纸和计算书。基坑施工主要参考设计说明和施工图纸，并参照基坑工程相关标准图集，如《建筑基坑支护结构构造》11SG814 等进行施工。

二、基坑支护设计说明的内容

基坑支护设计说明应包括以下内容：

（1）工程概况。

（2）设计依据。包括建筑用地红线图，场地地形图及地下工程建筑施工图和结构施工图；场地岩土工程详细勘察报告；基坑周边环境资料；建设单位提出的与基坑有关的符合有关标准、法规的书面要求；设计所执行的主要法规和主要标准（包括标准的名称、编号、年号和版本号）；基坑支护设计使用年限。

（3）工程地质与水文地质条件。包括岩土工程条件；岩土工程勘察报告中用于基坑设计的各岩土层的物理力学指标；水文地质参数。

（4）基坑分类等级。包括基坑设计等级；基坑支护结构安全等级。

（5）主要荷载（作用）取值。包括土压力、水压力；基坑周边在建和已有的建（构）筑物荷载；基坑周边施工荷载和材料堆载；基坑周边道路车辆荷载。

（6）设计计算程序：基坑设计计算所采用的软件名称和版本号。

（7）基坑设计选用主要材料要求。包括混凝土强度等级、防水混凝土的抗渗等级的基本要求；钢筋、钢绞线、型钢等材料的种类、牌号和质量等级及所对应的产品标准，各种钢材的焊接方法及对所采用的焊材的要求；水泥种类、等级。

（8）地下水控制设计。

（9）基坑施工要点及应急抢险预案。包括土方开挖方式、开挖顺序、运输路线、分层厚度、分段长度、对称均匀开挖的必要性；施工注意事项，施工顺序应与支护结构的设计工况相一致。根据基坑设计及地质资料对施工中可能发生的情况变化分析说明，制定切实可行的应急抢险方案。

（10）基坑监测要求：说明监测项目、监测方法、监测频率和允许变形值及报警值。

（11）支护结构质量检测要求。

三、基坑工程施工图内容

基坑工程施工图应包括以下内容：

（1）基坑周边环境图。

1）注明基坑周边地下管线的类型、埋置深度与截面尺寸以及管线与开挖线的距离。

2）注明基坑周边建（构）筑物结构形式、基础形式、基础埋深和周边道路交通负载量。

3）注明地下室外墙线与红线、基坑开挖线及周边建（构）筑物的关系。

（2）基坑周边地层展开图。

（3）基坑平面布置图。

1）绘制支护结构与主体结构基础边线的位置关系，标注支护结构计算分段。

2）绘制内支撑和立柱的定位轴线，标注必要的定位尺寸。

（4）基坑支护结构剖面图和立面图。

（5）支撑平面布置图。有换撑时，应提供换撑平面图，注明换撑材料和做法；有后浇带时应注明后浇带的换撑做法。

（6）构件详图。

（7）基坑监测布置图：注明监测点位置和监测要求。

（8）基坑降水（排水）平面图：注明降水井的平面位置、降水井数量和单井出水量，示出降水井和观测井、排水沟和集水坑大样图。

（9）其他图纸（必要时提供）。

1）预埋件。应绘制其平面、侧面或剖面，注明尺寸、钢材和锚筋的规格、型号、性能和焊接要求。

2）栈桥结构图。应绘制栈桥平面布置图、纵剖面、横剖面和构件大样。

3）土方开挖图。应绘制基坑出土顺序和出土走向。

4）施工工序流程图。

第三节　基坑工程施工图实例解读

挡墙式支护结构是目前深基坑工程中应用最广泛的支护形式。挡墙式支护结构又可分为悬臂式挡墙支护结构、内撑式挡墙支护结构和锚拉式挡墙支护结构三类，另外还有内撑与拉锚相结合的挡墙式支护结构。挡墙式支护结构中常用的挡墙形式有：排桩墙、地下连续墙、板桩墙、加筋水泥土墙等，其中排桩墙常见桩型有钻孔灌注桩、沉管灌注桩等，也有工程采用高强预应力混凝土管桩（PHC桩）等其他桩型。

本章选取两个具有代表性的工程，说明挡墙式支护结构施工图的识读方法。其中一个是型钢水泥土搅拌墙加内支撑支护结构，另一个是排桩加预应力锚索支护结构。

挡墙式支护结构包括基坑周边的竖向围护结构、支撑或锚杆体系、降水工程等几个部分，识读基坑工程施工图时也应该从这几个方面去全面深入地了解设计内容。

一、型钢水泥土搅拌墙加内支撑支护工程实例

（一）工程概况

某公司新建9层办公大楼，地下为整体一层地下车库。基坑周长约270m，基坑面积约为3940m²。拟

建地下室北侧外墙距红线最近处约为2.29m，红线外为空地；东侧距红线最近处约为5.89m，红线外为中山路；东南侧距红线最近处约为3.42m，红线外为加油站；西南侧距红线距离较远，地下室与红线之间存在拟建后勤用房（2F~3F，天然地基，基础埋深约为2.0m，暂不施工），地下室距后勤用房最近处约为7.1m；西北侧距用地红线最近处约为0.97m，红线外为空地。办公楼建筑±0.000相当于绝对标高2.600；现场地坪绝对标高为2.300，相当于建筑标高-0.300。

本工程采用内支撑支护结构，由型钢水泥土挡墙、钢筋混凝土内支撑和钢格构立柱等构件组成；基坑内降水采用 ϕ500 大口管井。图4-7为本基坑工程现场照片，图4-7a为型钢水泥土挡墙与水平支撑通过冠梁相连，图4-7b为竖向钢格构柱支承钢筋混凝土水平支撑。以下结合该工程，来说明识读基坑工程施工图的方法和步骤。

a）   b）

图4-7 某办公大楼基坑工程施工现场

a）型钢水泥土挡墙与支撑 b）支撑与格构柱

（二）基坑支护设计说明

1. 设计依据

（1）甲方提供的资料：总平面图，基础平面图，剖面图，岩土工程勘察报告。

（2）现行规范：《建筑基坑支护技术规程》（JGJ 120—2012）、《型钢水泥土搅拌墙技术规程》（JGJ/T 199—2010）、《混凝土结构设计规范》（GB 50010—2010）、《钢结构设计规范》（GB 50017—2003）等。

（3）市住建局专家论证意见。

2. 施工准备

（1）场区障碍物的清除和平整。

（2）核对本图的坑深和平面尺寸与结构图纸、现场条件及实际情况是否相符，如不符应及时通知设计人员。

（3）调查了解周围建筑物及道路管线设施的现状、完好性。

（4）本工程放线应以上部图纸为准，工程放线应严格要求。

（5）施工前，应对周边环境、管线、道路及建筑物进行影像采集，应由具有相应资质的单位对基坑周边3倍坑深范围内住宅及建筑物进行安全鉴定，避免引起纠纷。

3. 基坑降水

本基坑采用大口井降水，采用 ϕ500mm 无砂混凝土井管，滤料采用中粗砂或无粉碎石屑，井深、井数详见基坑平面布置图，降水井位置可根据现场实际情况进行适当调整。要求至少提前20d开始降水，并将地下水位降至坑底以下不小于1.0m。基坑开挖后，坑底采用盲沟排水，盲沟深宽300mm×400mm，随挖随用碎石回填。盲沟距支护桩的最小施工距离为1.0m。

降水井施工时必须进行洗井工作。基坑开挖及基础施工期间应采取适当措施保护降水井，保持其正常使用。

关于封井时间、方式，有关方可结合施工进度共同协商解决。

4. 施工要求

（1）基坑土方开挖的方案需经有关专家论证后方可实施。

（2）基坑开挖土方严禁堆放在坑边，应及时外运，基坑周边的超载不应超过 15kPa，大型施工设备及重载车辆应远离坑边，以保证基坑的稳定和安全。

（3）关于内插型钢的要求

1）型钢采用分段焊接时，应采用坡口焊接，具体要求应遵照《钢结构焊接规范》（GB 50661—2011）。

焊缝质量等级不应低于二级，单根型钢中焊接接头不宜超过 2 个，接头的位置应避免在型钢受力较大处，相邻型钢的接头竖向位置宜相互错开，错开距离不宜小于 1.0m。

2）型钢接头焊接质量应符合设计要求。型钢有回收要求时，其接头形式与焊接质量应满足起拔要求；同时应按照产品操作规程在型钢表面涂抹减摩剂。

3）型钢的插入宜在搅拌桩施工结束后 30min 内完成，插入前必须检查其直线度、接头焊缝质量并确保满足设计要求。

4）型钢的插入必须保证插入时的垂直度，垂直倾斜度≤1/200。型钢插入到位后应用悬挂构件控制型钢顶标高，并将已插好的型钢连接起来，防止在施工下一组搅拌桩时，造成已插好的型钢移位。型钢插入时的允许偏差应符合《型钢水泥土搅拌墙技术规程》（DGJ 08—116—2005）的相关要求。

5）型钢插入宜依靠自重插入，也可借助相关机械下沉到位，但是严禁采用多次重复起吊型钢并松钩下落的插入方法。

6）型钢回收应在主体地下结构施工完成、地下室外墙与搅拌桩之间回填密实后方可进行。

7）型钢拔除回收时，应间隔拔除并对型钢拔出后形成的空隙及时进行注浆充填。

（4）关于三轴水泥土搅拌桩的要求

1）施工需定位准确，浆液泵送量应与搅拌下沉或提升速度相匹配，保证搅拌桩中水泥掺量的均匀性。

2）搅拌机头在正常情况下应上下各一次对土体进行喷浆搅拌，对含砂量大的土层，宜在搅拌桩底部 2~3m 范围内上下重复喷浆搅拌一次。

3）施工时如因故停浆，应在恢复喷浆前，将搅拌机头提升或下沉 0.5m 后再喷浆搅拌施工。因搁置时间过长产生初凝的浆液，应作为废浆处理，严禁使用。

4）相邻桩施工间隔不得超过 12h，否则应在相邻部位补桩。

（5）关于坑内边坡的要求：局部深坑等深浅交界处，施工单位应根据现场情况采用放坡等措施进行处理。坑内边坡均应在开挖时一次形成，严禁扰动或虚铺形成。

5. 拆撑要求

拆撑要求详见拆撑示意图。

6. 拔桩要求

型钢回收应在主体施工完成、地下外墙与型钢之间回填密实后方可进行。拔桩设备要同型钢保持一定距离，减小型钢受到的侧向压力。拔桩顺序宜与打桩顺序相反。东侧地下室临近加油站范围内型桩应先进行试拔除，根据试拔情况决定是否可拔除型桩。

型钢拔出后应及时对形成的空隙进行注浆回填，具体见拔桩回填示意图。

7. 监测要求

本基坑为三级基坑，基坑监测应由具有相应资质的监测单位进行开挖监测，并按照规范要求制定合理、可行、全面的监测方案。

基坑监测要求在基坑土方开挖前开始，基础施工到建筑 ±0.000 后结束，开挖期间及开挖完成后一周内每天观测不少于一次。监测内容如下：

1）应对支护桩桩顶水平位移进行监测。

2）对基坑周边已有建筑物变形（沉降、水平位移、倾斜、裂缝）的监测。

3）对基坑周边管线及道路变形（沉降、水平位移、倾斜、裂缝）的监测。

4）对基坑外地下潜水水位的监测。

除以上监测项目外，监测及施工单位尚应对以下项目进行巡视：

1）基坑渗水状况。

2）基坑周边超载控制。

3）应经常观察支护桩、冠梁是否出现裂缝。

本工程监测预警值：

1）支护桩桩顶水平位移预警值：25mm。

2）周边建筑物沉降预警值：30mm，加油站处沉降预警值为 25mm。

3）周边管线及道路沉降预警值：30mm，加油站处道路沉降预警值为 25mm。

4）地下潜水水位预警值：500mm/d，1000mm。

监测数据需及时交给基坑支护设计人员，以便综合控制开挖速度及进行相应附加措施的实施。其他未尽事宜按照《建筑基坑工程监测技术规范》（GB 50497—2009）执行。

8. 做好现场施工的记录

施工中如发现异常情况，请及时与设计人联系。

9. 其他说明

本说明与施工图互为补充，未尽事宜应遵守现行规范的规定。

（三）识读平面布置图

首先识读桩位、井位平面布置图，确定平面位置和开挖深度。识读时需要与结构施工图进行核对，校核定位轴线是否准确无误，基础底板范围是否与基础平面布置图一致。

图 4-8 为桩位、降水井位平面布置图。图中粗实线为基础边线，基础边线外围为 SMW 挡土墙。本基坑外轮廓比较复杂，一共有 12 个转折点，而且不同部位的坑底标高也不相同。因此，需要首先根据与轴线的位置关系确定 12 个转折点的位置，确定基坑边界，同时明确不同部位的基坑深度及平面范围。

根据基坑支护设计说明、本图纸说明，对照基础平面布置图，可确定基坑不同部位的施工深度和具体范围，详见表 4-4。从施工场地自然地坪算起，基坑开挖深度从 6.150 到 8.750m 不等。基坑整体开挖到 6.150m 之后，局部还需要进一步开挖到设计要求的深度，即存在多处"坑中坑"。其中电梯井 2 基坑开挖深度达到 8.750m，即"坑中坑"深度达到 2.600m，因此需要施工单位制定和采取可靠的支护措施，以保证局部深坑的施工安全。

表 4-4　地下车库各部位基坑开挖深度汇总

序号	部位	基础底板上皮建筑标高/m	含垫层底板厚度/mm	基坑坑底建筑标高/m	基坑开挖深度/m
1	地下车库底板	−5.550	900	−6.450	6.150
2	换热站、消防水池	−5.700	900	−6.600	6.300
3	集水坑	−6.950	500	−7.450	7.150
4	电梯井 1	−7.050	500	−7.550	7.250
5	电梯井 2	−8.550	500	−9.050	8.750

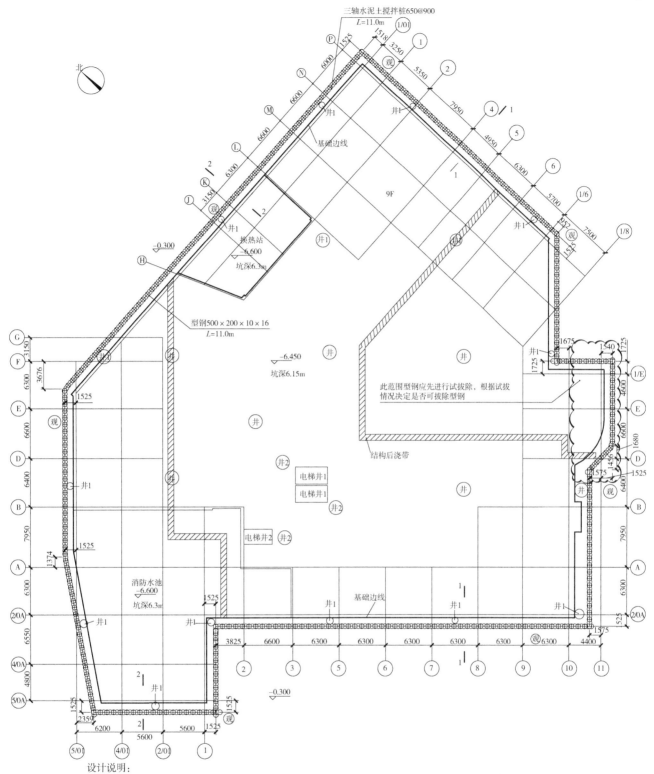

设计说明：

1. ⊂⊃表示三轴水泥土搅拌桩，桩顶建筑标高−1.900，有效桩长为11.0m，桩径650mm，组间咬合200mm，组与组之间咬合650mm，桩数为314组。

搅拌桩固化剂采用P.S.B 42.5普硅水泥，水泥掺入比不小于20%，水灰比1.5，要求全程复搅复喷，必须确保搅拌均匀，桩体搭接严密，搅拌机施工需定位准确。相邻桩施工时间间隔不得超过12h，否则应在相邻部位补桩。

2. "工"表示H型钢，插一跳一布置，截面500×200×10×16，顶部建筑标高−0.800，型钢长11.0m，根数为312根。

3. ⑪表示降水井1，井径800mm，无砂混凝土井管，直径500mm，井深11.00m，井数为22口。

⑫表示降水井2，井径800mm，无砂混凝土井管，直径500mm，井深12.00m，井数为3口。

⊙表示观测井，井径800mm，无砂混凝土井管，直径500mm，井深10m，井数为7口。

井位应避开工程桩、承台及承台梁。图中井位仅为示意图，施工单位可根据现场实际情况对井位进行适当调整，井标高从地表算起，基坑局部较深处可适当加密。基坑降水应与明沟排水相结合，以保证基坑内的疏干效果。

4. 基坑中局部落深处结合坑内实际土质情况，采用放坡结合木桩（或钢板桩）支护，并应增加降水井，以利于降水。

5. 正式施工前应与正式结构施工图纸核对，无误后方可正式施工。

图4-8　桩位、井位平面布置图

（四）识读剖面图

识读剖面图的目的是为了了解基坑侧壁土层的分布情况，同时了解基础底板、地下室外墙等结构构件与竖向围护结构、水平支撑结构的相对位置关系。

剖面的位置和编号在平面图（图4-8）中有标注，剖面1—1、2—2对应位置的基坑开挖深度分别是6.15m、6.30m。通过剖面图，可以了解搅拌桩与H型钢的标高信息，还可以了解支护墙与水平支撑、基础底板的相对位置关系。在两个剖面图中，左侧对应的地质剖面图注明了搅拌桩施工深度范围内土层分布情况及各层土的基本物理、力学指标，供施工参考，如施工时发现实际土层与地质剖面图不符，则需要及时与基坑工程设计单位沟通。本工程建设场地范围内土层分布比较均匀，剖面1—1、2—2中土层分布基本相同，基层侧壁土层从上至下依次为①₁杂填土、③₁黏土、④₂粉质黏土和⑥₃粉土。如遇到工程土层分布及地下水比较复杂的情况，则需要认真对照岩土工程勘察报告，制定合理可行的施工方案，保证施工安全。

由剖面1—1、2—2可知，基坑支护采用了放坡与内撑式支护结构相结合的方式，即浅部1m深度放坡+型钢水泥土搅拌墙+钢筋混凝土内支撑的形式。从图中可以看到，基坑在顶部位置设置一道水平支撑，与冠梁相连的水平支撑构件的截面高度是600mm，底面建筑标高是－1.900m。场地自然地坪建筑标高是－0.300m，因此基坑从地面开挖约1.6m后深应暂停开挖，并施工该部位水平支撑构件，待水平支撑构件的混凝土达到一定强度后再进行下部土方的开挖。

（五）识读竖向支护桩（墙）的相关信息

本工程支护结构属于挡墙式支护结构，挡墙形式为型钢水泥土搅拌墙（SMW），墙身由三轴水泥土搅拌墙和后插的H型钢组成，H型钢同心插入水泥土搅拌墙内。施工前需要确定搅拌墙轴线上各转折点的位置，进而确定各段搅拌墙的轴线和位置。

根据平面布置图（图4-8）、剖面图（图4-9）及相应的设计说明，搅拌墙及内插H型钢的施工参数列于表4-5中。水泥土搅拌墙和H型钢的总长度都是11.0m，为了施工方便，H型钢顶部比搅拌墙高出1.10m。

表4-5 搅拌墙及型钢施工参数

参数	搅拌墙	H型钢
平面布置	桩径650mm；相邻桩咬合200mm、间距450mm；相邻组咬合650mm	插一跳一，间距900mm
顶部建筑标高	－1.9	－0.8
底部建筑标高	－12.9	－11.8
总长度	11.0	11.0
材料特性	采用强度等级42.5MPa的普通硅酸盐水泥，水泥掺入比不小于被加固湿土重量的20%；水灰比1.5	截面500（截面高度）×200（翼缘宽度）×10（腹板厚度）×16（翼缘厚度）
数量	314组	312根

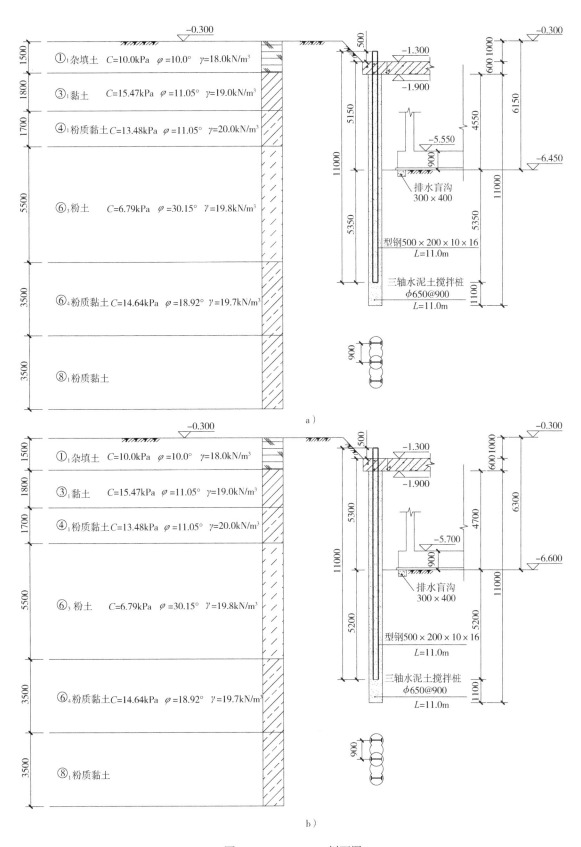

图 4-9　1—1、2—2 剖面图

a）1—1 剖面图　b）2—2 剖面图

型钢水泥土搅拌墙施工时，把同时施工的三根桩称作一个单元或一组。桩施工时采用套接一孔法施工，即相邻两个单元中有一个孔是完全重叠的施工工艺，如图 4-10 所示，阴影部分表示两桩重叠的位置。本工程三轴水泥土搅拌桩采用 φ650@900 的布置方式，表示在同一单元内，相邻桩的中心距是 450mm，第一根和第三根桩的中心距是 900mm，每施工一个单元，水泥土连续墙沿轴线推进 900mm，如图 4-11 所示。水泥土搅拌桩施工完成后插入 H 型钢，采用插一跳一的布置方式，相邻桩中心间距 450mm，相邻 H 型钢间距 900mm。具体施工方法应参照基坑支护设计说明的相关内容。

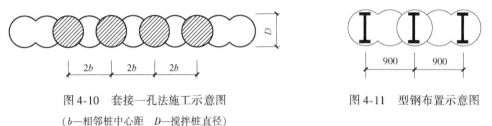

图 4-10 套接一孔法施工示意图 　　图 4-11 型钢布置示意图
（b—相邻桩中心距 D—搅拌桩直径）

（六）识读水平支撑构件的定位信息

该基坑设置一道钢筋混凝土水平支撑体系，采用单圆环平面布置加角撑的形式。中心环撑所在圆环直径 R = 27983mm，环梁截面尺寸为 1500mm × 700mm；支护桩通过顶部冠梁联为整体，冠梁尺寸为 1200mm × 600mm；冠梁与环梁之间的支撑梁，包括放射状连梁以及角撑部位的斜梁，截面尺寸均为 600mm × 600mm。环梁截面高度 700mm，比其他梁高 100mm，上皮比其他梁高 50mm，下皮比其他梁低 50mm，施工环梁时应注意控制挖土深度和模板标高。

由于基坑形状不规则，水平支撑梁的平面位置相对比较复杂，可按以下顺序确定所有梁的平面位置：确定冠梁轴线→确定环梁所在圆环的圆心→确定环梁轴线→确定放射状连梁轴线→确定角部斜撑梁轴线。如Ⓔ轴与⑤轴交点确定后，沿此交点向上偏移 558mm，向右偏移 493mm，即为环梁圆环的圆心位置，进而可以确定环梁及其他支撑构件的位置。

在确定水平支撑梁位置后，需要确定立柱和立柱桩的平面位置。作为内支撑系统的竖向支撑构件，钢格构立柱的作用是保证内支撑系统的稳定性，与立柱桩一体化施工。立柱桩又叫竖托桩，本工程立柱桩的布置参见"竖托桩平面布置图"（图 4-13）。竖托桩的平面位置也是根据定位轴线确定的，竖托桩 1 和 2 都是内插钢格构柱的，但是桩顶标高不同，对应于不同深度的基坑部位；竖托桩 3 靠近型钢水泥土搅拌墙，直接与冠梁相连，无须设置格构柱，因此桩顶标高为 -1.900m，这是需要读图时注意的。

（七）识读支撑构件及节点详细信息

确定各支撑构件轴线位置后，需要了解构件的截面形式以及材料信息。本基坑支撑构件包括冠梁、环梁、角撑梁、连梁、格构柱及立柱桩等。由图 4-12 设计说明可知，冠梁、环梁、支撑等构件的混凝土强度等级均为 C30。通过看图，要了解混凝土构件的纵向受力钢筋、箍筋的配置情况、钢格构柱柱身构造；还要了解不同构件相连接节点的构造做法，特别是钢筋的锚固要求、钢格构柱与混凝土支撑的连接方法等。图 4-14 为冠梁配筋图；图 4-15 为环梁、支撑及混凝土板配筋详图；图 4-16 为水平支撑加腋构造详图；图 4-17 为水平支撑图纸与现场对照情况；图 4-18 为格构柱与立柱桩详图；图 4-19 为现场施工完成的格构柱与环梁。

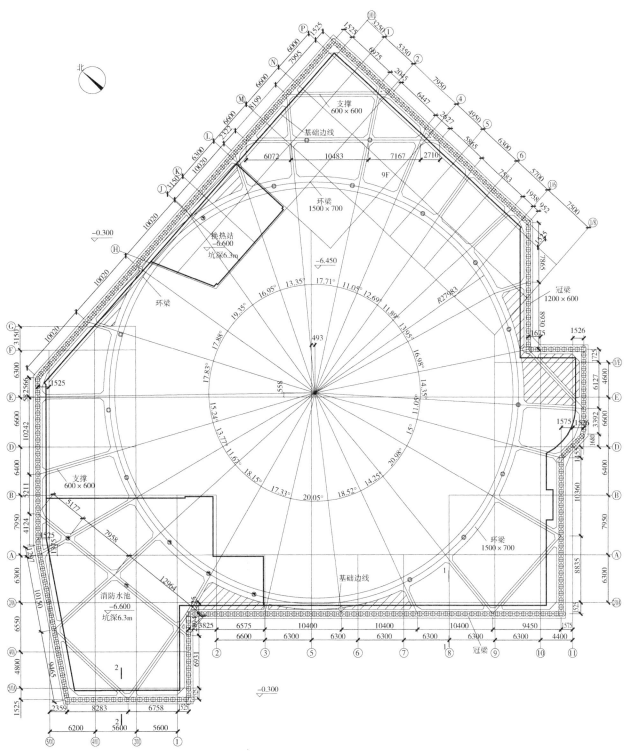

说明：

1. 建筑±0.000相当于绝对标高2.600，现状地坪绝对标高2.300，相当于建筑标高-0.300，图中标高均为建筑标高。

2. 冠梁：截面尺寸：1200mm×600mm，冠梁上皮建筑标高均为-1.300；环梁：截面尺寸：1500mm×700mm，环梁上皮建筑标高均为-1.250；支撑：截面尺寸：600mm×600mm，支撑上皮建筑标高均为-1.300。

3. 冠梁、环梁、支撑等构件的混凝土强度等级均为C30。

4. 冠梁与支撑交角小于等于90°时须按详图做腋角。

5. 阴影部分为混凝土板，板厚150mm，板顶标高-1.300。

6. 正式施工前应与正式结构图纸核对，无误后方可正式施工。

图 4-12　支撑平面布置图

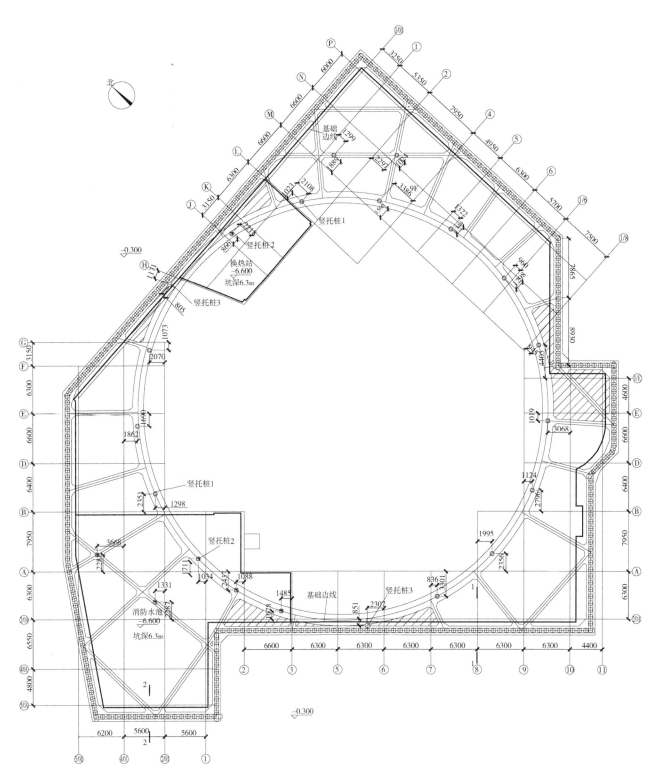

设计说明：

1. □为支撑竖托桩1，桩径600mm，有效桩顶标高-6.150m，有效桩长为12.0m，桩数为14根。
◨为支撑竖托桩2，桩径600mm，有效桩顶标高-6.300m，有效桩长为12.0m，桩数为6根。
●为支撑竖托桩3，桩径600mm，有效桩顶标高-1.900m，有效桩长为17.0m，桩数为2根。
2. 混凝土强度等级C30，竖托桩应避开工程桩、墙、柱及承台梁。
3. 正式施工前应与正式结构图纸核对，无误后方可正式施工。

图4-13 竖托桩平面布置图

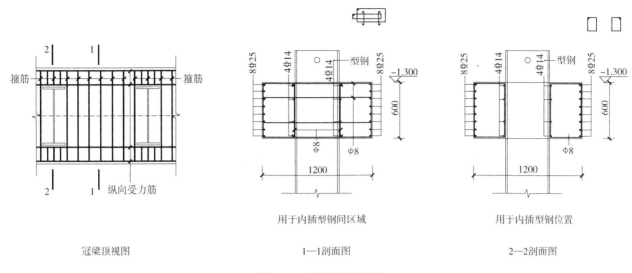

图 4-14　冠梁配筋详图

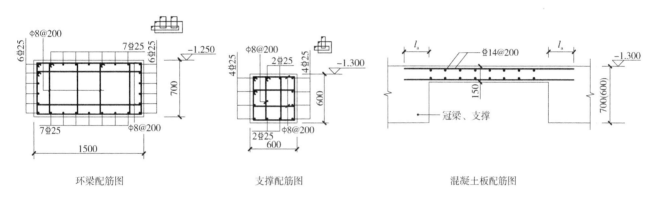

图 4-15　环梁、支撑、混凝土板配筋图

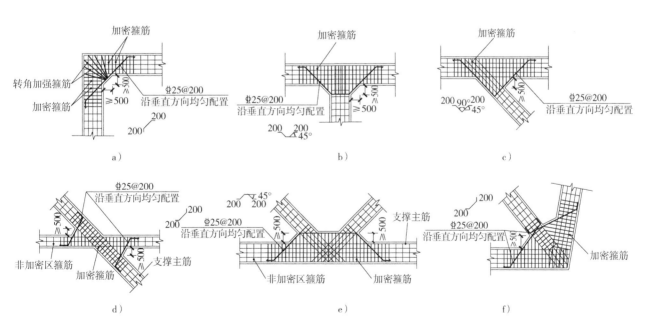

图 4-16　支撑加腋构造详图

a) 支撑加腋节点一　b) 支撑加腋节点二　c) 支撑加腋节点三

d) 支撑加腋节点四　e) 支撑加腋节点五　f) 支撑加腋节点六

图 4-17　水平支撑加腋现场照片（对应图 4-16e）

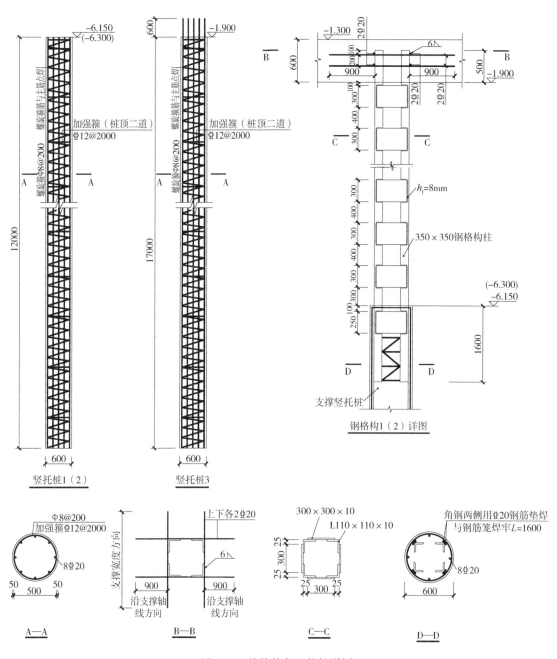

图 4-18　格构柱与立柱桩详图

（八）识读降水井及其他施工信息

由于每个基坑深度和规模、水文地质条件、周围环境条件均不相同，每项深基坑工程的支护结构都有独特之处，因此除上述围护和支撑结构施工图纸外，还要根据工程特点和施工要求绘制其他图样。如本工程所在区域地下水位较高，在基坑开挖范围内，采用大口管井降水，需要绘制图样和编制说明，以便于施工。不同种类井管的定位和施工参数详见图4-8。

基坑设置水平支撑的目的是保证基础施工的空间和安全，在条件具备时，可以利用已经施工完成的主体结构的一部分作为水平支撑结构。这时就可以拆除

图4-19　格构柱与环梁现场照片

临时的水平支撑结构了，这个过程就叫作换撑。图4-20给出了换撑和拔除回收型钢的示意图，并用文字说明了4个施工步骤，用以指导施工过程。

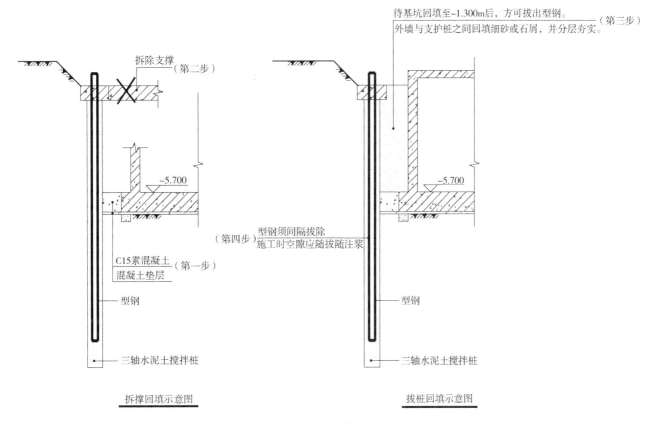

图4-20　基坑拆撑、拔除型钢示意图

二、排桩加预应力锚索支护工程实例

（一）工程概况

本项目为某医院医技楼、住院楼基坑工程，其中医技楼地下3层，地上5层；住院楼地下3层，地上19层。基坑周长420.9m，基坑开挖深度12.0～15.5m，坑底标高1521.000～1523.000m；基坑北侧距某高层住宅（20层）约20.5m；南侧距原医技住院楼（地下1层，地上12层）约36.7m；西侧距某河堤约16.5m；东侧距现有民居（地上3层、局部5层）约29.7m。

本工程支护结构安全等级为一级，支护主要形式为排桩+锚索，局部增加浅层放坡；无法设置锚索

位置采用双排桩支护。本工程共布置支护桩 272 根，桩间距 1.8m，桩径 1.2m。

（二）识读平面图、剖面图

图 4-21 所示为基坑支护平面布置图。基坑形状大致呈 L 形。基坑平面分成两部分，医技楼地下室范围坑底标高为 1523.000m，住院楼地下室范围坑底标高为 1521.000m，比医技楼部位低 2.000m，形成局部深坑，深坑的具体位置需要参照基础平面布置图确定。局部深坑部位土壁采用高压旋喷桩加固，桩长 4.0m，桩径 0.5m，桩与桩之间的咬合长度为 200mm。

根据基坑周边自然地坪标高以及基坑侧壁土层分布不同，将基坑支护结构从西北角开始，沿顺时针方向划分为 AB、BC、CD、DE、EF 和 FA 六个区段。各区段采用不同的支护形式或参数，具体内容需参照不同位置的剖面图来了解。

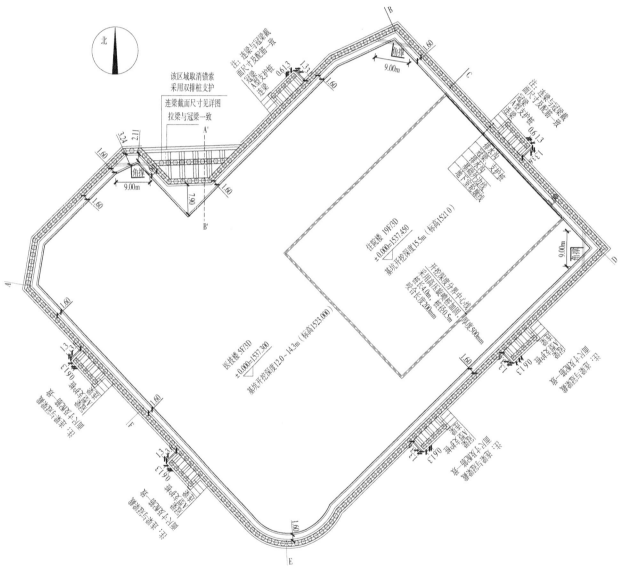

设计说明：
1. 本图使用的标高与建筑设计采用的标高一致。
2. 基坑支护施工前应进行试成孔，以确定成孔工艺的可行性。
3. 基坑开挖前，首先测放筏板轮廓线，基坑开挖边线以筏板轮廓线控制，距离筏板轮廓线 1.60m。距离地下室侧墙外线 2.0m。
4. 冠梁高度低于地面高度时，可采用 MU10 砖接砌至地面，厚度 240mm。
5. 本图使用的单位均为 m。

图 4-21　基坑支护平面布置图

图 4-22 所示为 AB 段排桩＋锚索支护剖面图，图 4-23 所示为 BC 段自然放坡＋排桩＋锚索支护剖面图，篇幅所限不再列举其他各区段支护剖面图。表 4-6 所列为根据剖面图汇总的各分段支护形式、参数。

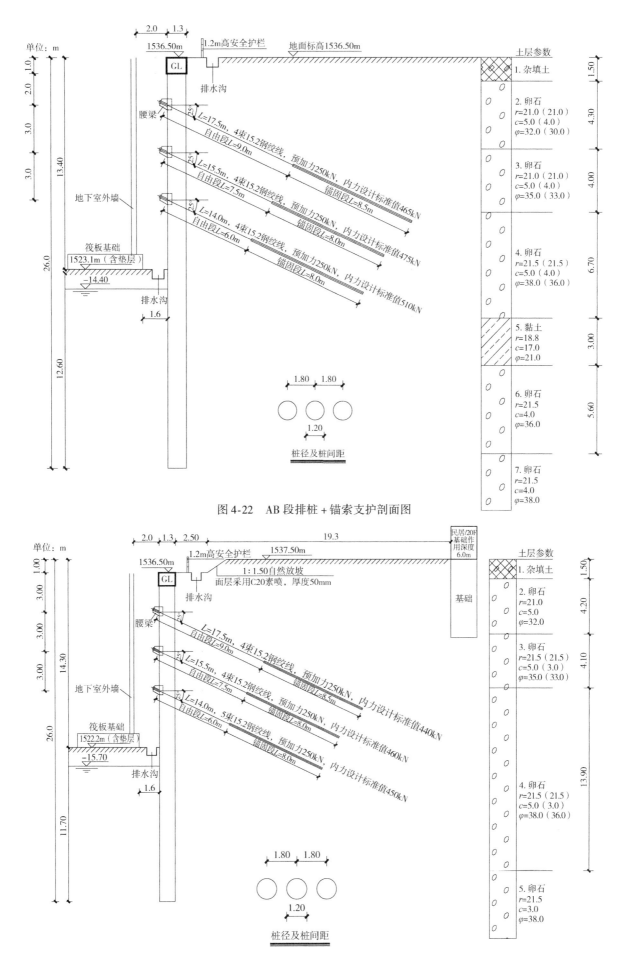

图 4-22 AB 段排桩 + 锚索支护剖面图

图 4-23 BC 段自然放坡 + 排桩 + 锚索支护剖面图

表4-6　分段支护形式和参数

支护段	自然地坪标高/m	冠梁顶标高/m	支护形式	支护长度/m	桩数（根）
AB 段	1536.50	1536.50	排桩＋锚索（局部双排桩）	132.1	88
BC 段	1537.50	1536.50	自然放坡＋排桩＋锚索	21.5	12
CD 段	1537.50	1536.50	自然放坡＋排桩＋锚索	58.1	37
DE 段	1536.50	1536.50	排桩＋锚索	124.6	72
EF 段	1535.50	1535.50	排桩＋锚索	41.1	34
FA 段	1535.50	1535.50	排桩＋锚索	43.5	29

由表可知，AB、DE、EF、FA 四段自然地坪标高与冠梁顶面标高相同，均采用排桩＋锚索的支护形式（AB 段局部采用双排桩，不设锚索）。AB、DE 段冠梁顶面标高为 1536.50m，而 EF、FA 段为 1535.50m，相差 1.0m。由于第一层腰梁距冠梁顶面的竖向距离同为 3.0m，因此在图 4-21 中 E 分界线位置两侧，DE 段、EF 段腰梁标高也是相差 1.0m。图 4-24 所示为现场照片。

虽然 DE、EF、FA 三段的支护形式与 AB 段相同，但由于土层条件不同（详见剖面图中右侧地层分布图），三层锚索的入土深度（含自由段与锚固段）与 AB 段均不相同。进行锚索施工前需要对照图纸认真统计每一分段、每一层锚索的施工参数，确保照图施工，保证施工安全。

图4-24　分段支护

BC 段、CD 段范围内自然地坪较高，因此采用自然放坡＋排桩＋锚索的方式，自然放坡的高度为 1.0m，放坡处理后冠梁顶面标高为 1536.50m，与 AB、DE 段保持平齐。CD 段的支护形式与 BC 段相同，不同之处在于锚索的入土深度（含自由段与锚固段）不同。

（三）识读立面图

图 4-25 所示为排桩正立面图，从中可以看到支护桩、冠梁和 3 道腰梁，还可以看到设置在相邻支护桩之间，安装在腰梁上、用于固定和张拉预应力锚索的锚板（承压板），如图 4-25 中①、②、③所示。图 4-26 所示为锚索平面示意图，图 4-27 所示为钢筋混凝土腰梁平面图、详图及配筋图，施工时注意腰梁表面与锚索垂直，每道腰梁与每根支护桩之间通过 6 ϕ 20 锚筋相连。由图 4-26、图 4-27 可以看出每一组

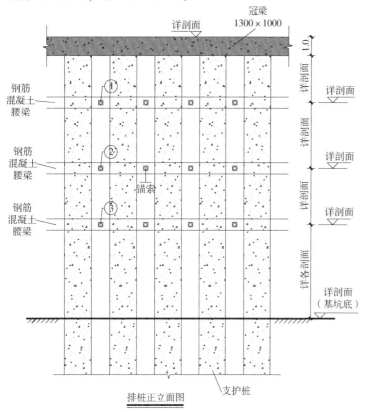

图4-25　排桩正立面图

锚索要穿越锚具、承压板、腰梁、桩间土到达排桩后土层，在土层中通过自由段到达锚固段。图 4-28 所示为现场施工第三道锚索时的情景。锚索腰梁采用 C40 混凝土，腰梁在浇筑前，应先预埋Φ110PVC 套管，以便为后续的锚索张拉预留张拉孔道。

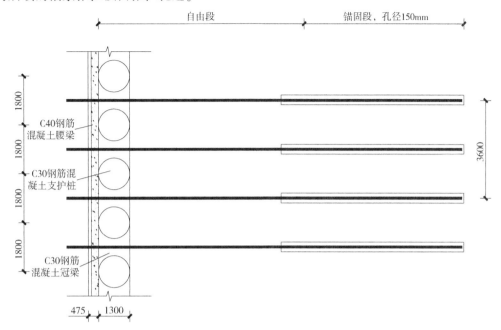

图 4-26　锚索平面示意图

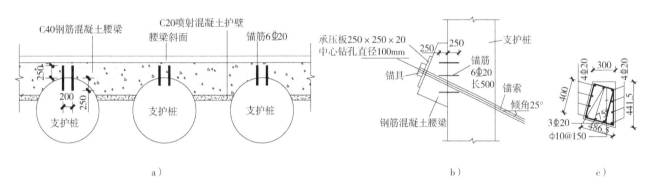

图 4-27　C40 混凝土腰梁平面图及详图

a）腰梁平面图　　b）腰梁大样图　　c）腰梁配筋图

图 4-28　第三道锚索施工

（四）识读详图

图 4-29 所示为排桩支护段桩间支护方法与要求。根据设计说明，具体要求如下：桩间土连续防护层采用 C20 喷射混凝土，厚度 100mm；在桩间布置泄水孔，竖向间距 1500mm；钢筋网采用 φ8@200×200；钢筋网宜采用挂网钢筋与桩体连接。挂网钢筋可采用预埋插筋或植筋的方法设置，当采用植筋时，锚入桩身部分无须弯折。当桩距较大时，桩体之间的钢筋网宜同时采用桩间土内打入直径不小于 14mm 的钢筋钉固定，钢筋钉打入桩间土中的长度 L = 1200mm；钢筋网与横向拉筋采用铁丝绑扎连接；其他未尽事宜严格按照相关规范和标准执行。

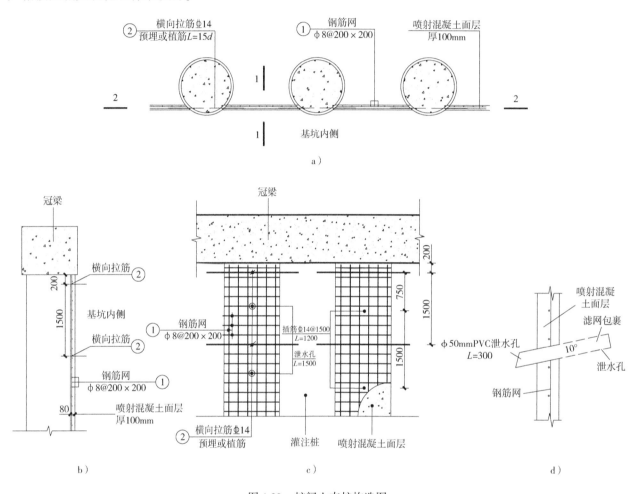

图 4-29　桩间土支护构造图

a）桩间土支护构造图　b）1—1 剖面图　c）2—2 剖面图　d）泄水孔详图

锚索大样图及各剖面详图见图 4-30。本工程采用拉力型锚索结构，锚索与水平面夹角为 25°，其锚固段内间隔布置定位支架，包括扩张环（2—2 剖面）与箍环（3—3 剖面），以实现钢丝束的扩张与收紧，保证在施加预应力后，锚索对支护桩提供足够的支撑拉力。具体施工应参照图 4-30 设计说明。

（五）识读监测点布置图

由于岩土性质的复杂性、多变性及各种计算模型的局限性，仅依靠理论分析和经验估计很难准确地预测基坑支护结构和周围土体在施工过程中的变化。深基坑工程施工过程中如果出现异常，且这种异常又没有被及时发现并任其发展，后果将不堪设想。为保证工程安全顺利地进行，在基坑开挖及结构构筑期间开展严密的施工监测已成为工程建设必不可少的重要环节。深基坑工程监测是指在深基坑施工过程中，借助科学仪器、设备和手段对基坑本体和相邻环境的应力、位移、倾斜、沉降、开裂以及对地下水位的动态变化、土层孔隙水压力变化等进行的综合监测。深基坑工程监测的内容主要分为两大部分，即支护结构本身（围护结构）的稳定性和相邻环境（周围环境）的变化。

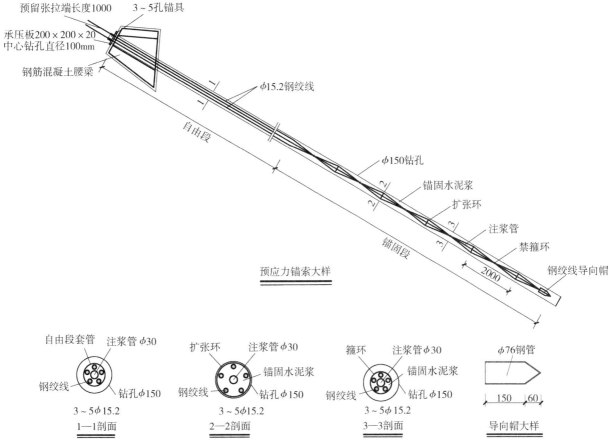

设计说明：

1. 锚盘采用适应 ϕ15.2（1×7）钢绞线的3~5孔锚具，锚索采用高强度低松弛钢绞线制作，采用3~5束15.2（1×7）钢绞线，钢绞线设计强度度为1860MPa。

2. 制作锚索时，其长度应增加1.0m张拉段。

3. 锚索自由段应设置隔离套管以隔离锚索杆体和浆液，注浆体设计强度30MPa，注浆液采用水泥浆，水灰比宜取0.5~0.55，采用水泥砂浆时，水灰比宜取0.4~0.45，灰砂比宜取0.5~1.0，拌和用砂宜选用中粗砂，可适量掺入外加剂和掺合料，外加剂和掺合料的量应通过试验确定，注浆管端部至孔底距离不宜大于200mm。

4. 导向尖锥材料可使用一般的金属薄板或相应的钢管制作，钢绞线与导向帽需连接固定。

5. 锚具应满足分散张拉、补偿张拉等张拉工艺要求，并具有能放松预应力筋的性能。锚具、夹具的性能应符合现行国家标准《预应力筋锚具、夹具和连接》GB/T 14370—2015的规定，锚头用锚具通过张拉锁定。

6. 锚索为临时工程，但需采取有效的防护材料，锚索全长涂强力防腐涂料。

7. 未尽事宜严格按照相关规范和标准执行。

图 4-30 预应力锚索详图

本工程监测项目及监测内容详见表4-7，监测点布置见图4-31。监测点按监测对象可分为两大类，即对支护结构的监测和对周边道路、建筑物的监测。对支护结构的监测包括对支护结构构件内力变形的监测和地下水位的监测；对周边道路、建筑物的监测内容主要是沉降和变形观测。

表 4-7 监测项目及监测内容表

监测对象	监测项目	符号	测点位置	监测目的
支护结构	坡顶水平、竖向位移观测点	WY	围护结构顶、基坑边土体	监测基坑边位移
	锚索应力观测点	ML	锚索锚头	监测锚索拉力情况
	支护结构内力观测点	NL	桩身钢筋（迎土侧、坑内侧）	支护结构内力变化
	支护结构测斜观测点	CX	围护结构	监测围护结构的倾斜
周边道路、建筑物	建筑物变形观测点	JZ	结构承重柱或地梁或承重墙	监测建筑物变形情况
	道路沉降观测点	DL	周边道路	监测沉降变形情况
	地下管线沉降观测点	GX	周边管线	监测管线沉降变形情况
	地下水位观测点	SW	基坑周边	监测周边地下水位变化

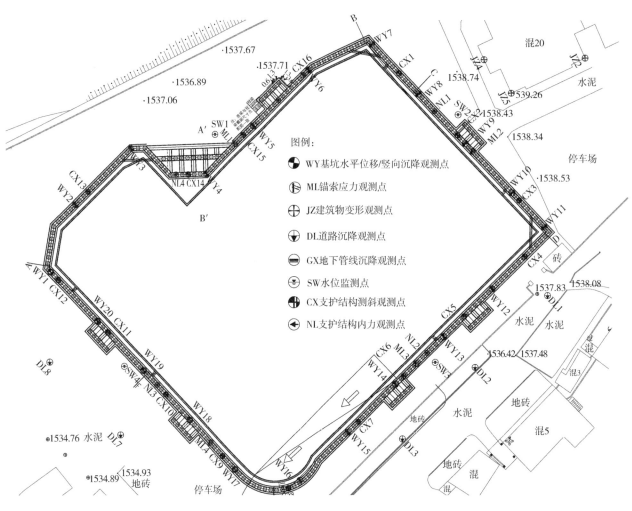

图例：

🔘 WY基坑水平位移/竖向沉降观测点

🔘 ML锚索应力观测点

⊕ JZ建筑物变形观测点

🔘 DL道路沉降观测点

⊖ GX地下管线沉降观测点

🔘 SW水位监测点

🔘 CX支护结构测斜观测点

🔘 NL支护结构内力观测点

基坑变形监测说明：

1. 本基坑安全等级为一级；基坑的监测等级为一级。

2. 监测必须选择有资质的第三方监测单位，施工单位应与监测单位密切配合，做好监测元件的安放及保护工作。

3. 基坑支护工程是一种风险性大的系统工程，施工应遵照动态设计、信息化施工规定，确保基坑本身及周边环境的安全，及时将监测数据提交给设计人员，监测报告必须有评价意见。应会同设计人员共同分析监测数据，必要时调整设计方案，提出加固措施。

4. 本基坑工程监测内容及监测要求，应由监测方在施工前提出方案，经业主、设计及施工方确认后实施。

5. 其他未尽事宜应根据国家相关规范、标准执行。

图 4-31　基坑支护变形监测点布置图

本基坑工程的施工图还包括基坑开挖土方外运示意图、基坑降水井平面布置图、支护桩配筋图、冠梁、支撑梁、拉梁配筋图等，限于篇幅，本书不再一一列举。

参 考 文 献

[1] 中华人民共和国住房和城乡建设部．混凝土结构施工图平面整体表示方法制图规则和构造详图（现浇混凝土框架、剪力墙、梁、板）：16G101-1［S］．北京：中国计划出版社，2016.

[2] 中华人民共和国住房和城乡建设部．混凝土结构施工图平面整体表示方法制图规则和构造详图（现浇混凝土板式楼梯）：16G101-2［S］．北京：中国计划出版社，2016.

[3] 中华人民共和国住房和城乡建设部．混凝土结构施工图平面整体表示方法制图规则和构造详图（独立基础、条形基础、筏形基础、桩基础）：16G101-3［S］．北京：中国计划出版社，2016.

[4] 中华人民共和国住房和城乡建设部．混凝土结构施工钢筋排布规则与构造详图（现浇混凝土框架、剪力墙、梁、板）：18G901-1［S］．北京：中国计划出版社，2018.

[5] 中华人民共和国住房和城乡建设部．混凝土结构施工钢筋排布规则与构造详图（现浇混凝土板式楼梯）：18G901-2［S］．北京：中国计划出版社，2018.

[6] 中华人民共和国住房和城乡建设部．混凝土结构施工钢筋排布规则与构造详图（独立基础、条形基础、筏形基础、桩基础）：18G901-3［S］．北京：中国计划出版社，2018.

[7] 中华人民共和国住房和城乡建设部．平屋面建筑构造：12J201［S］．北京：中国计划出版社，2012.

[8] 中华人民共和国住房和城乡建设部．工程做法：05J909［S］．北京：中国计划出版社，2005.

[9] 中华人民共和国住房和城乡建设部．建筑基坑支护结构构造：11SG814［S］．北京：中国计划出版社，2011.

[10] 中华人民共和国住房和城乡建设部．预应力混凝土管桩：10G409［S］．北京：中国计划出版社，2010.

[11] 中华人民共和国住房和城乡建设部．房屋建筑制图统一标准：GB/T 50001—2017［S］．北京：中国计划出版社，2018.

[12] 中华人民共和国住房和城乡建设部．总图制图标准：GB/T 50103—2010［S］．北京：中国计划出版社，2011.

[13] 中华人民共和国住房和城乡建设部．建筑制图标准：GB/T 50104—2010［S］．北京：中国计划出版社，2011.

[14] 中华人民共和国住房和城乡建设部．建筑结构制图标准：GB/T 50105—2010［S］．北京：中国建筑工业出版社，2011.

[15] 中华人民共和国住房和城乡建设部．建筑基坑支护技术规程：JGJ 120—2012［S］．北京：中国建筑工业出版社，2012.

[16] 李必瑜，魏宏杨，覃林．建筑构造：上册［M］．北京：中国建筑工业出版社，2019.

[17] 姜庆远．怎样看懂土建施工图［M］．北京：机械工业出版社，2009.

[18] 张海鹰．教你轻松看图纸——建筑结构施工图［M］．北京：中国电力出版社，2016.

[19] 孙沛平．怎样看建筑施工图［M］．北京：中国建筑工业出版社，2016.

[20] 中华人民共和国住房和城乡建设部．建筑工程设计文件编制深度规定：2016版［M］．北京：中国建筑工业出版社，2016.